岩土工程勘察与施工技术研究

鲁海霞　赵雪飞　郭　娜　著

吉林科学技术出版社

图书在版编目（CIP）数据

岩土工程勘察与施工技术研究 / 鲁海霞，赵雪飞，郭娜著. -- 长春 : 吉林科学技术出版社，2023.7

ISBN 978-7-5744-0822-7

Ⅰ. ①岩… Ⅱ. ①鲁… ②赵… ③郭… Ⅲ. ①岩土工程－地质勘探－研究②岩土工程－工程施工－研究 Ⅳ. ① TU41

中国国家版本馆 CIP 数据核字 (2023) 第 177108 号

岩土工程勘察与施工技术研究

著　　鲁海霞　赵雪飞　郭　娜
出 版 人　宛　霞
责任编辑　周振新
封面设计　树人教育
制　　版　树人教育
幅面尺寸　185mm × 260mm
开　　本　16
字　　数　280 千字
印　　张　12.75
印　　数　1–1500 册
版　　次　2023年7月第1版
印　　次　2024年2月第1次印刷

出　　版　吉林科学技术出版社
发　　行　吉林科学技术出版社
地　　址　长春市福祉大路5788号
邮　　编　130118
发行部电话/传真　0431-81629529 81629530 81629531
81629532 81629533 81629534
储运部电话　0431-86059116
编辑部电话　0431-81629518
印　　刷　三河市嵩川印刷有限公司

书　　号　ISBN 978-7-5744-0822-7
定　　价　80.00元

前 言

随着我国经济建设的繁荣发展，工程建设场地并非有较多的选择空间，大多数情况下，只能通过岩土工程勘察查明拟建场地及其周边地区的水文地质、工程地质条件，在对现有场地进行可行性和稳定性论证的基础上，对场地岩土体进行整治、改造再利用，这也是当今岩土工程勘察面临的新形势。我国经济繁荣的特征之一就是城市建设的快速发展，大中城市建筑用地越来越少，在向城郊发展“卫星”城市的同时，房屋建筑物逐渐向空中和地下发展，南水北调、北煤南运、西气东送等蓝图工程正在成为现实，高楼林立、高速公路四通八达，随之而来的地基沉降、基坑变形、工边坡崩塌和滑坡等各种岩土工程问题也日益突出，由此要求岩土工程的基础环节——岩土工程勘察必须提供更详细、更具体、更可靠的有关岩土体整治、改造和工程设计、施工的地质资料，对可能出现或隐伏的岩土工程问题进行分析评价，提出有效的预防和治理措施，便于在工程建设中及时发现问题，实时预报，及早预防和治理，把经济损失降到最低。

本书主要研究岩土工程勘察与施工技术方面的问题，涉及丰富的岩土工程勘察知识。主要内容包括岩土工程勘察认知、岩土工程勘察的基本要求、岩土工程的设计、工程地质测绘、工程勘探、岩土边坡工程、岩土洞室工程、特殊性岩土的岩土工程勘察等。本书在内容选取上既兼顾到知识的系统性，又考虑到可接受性，同时强调岩土工程勘察与施工的应用性。本书涉及面广，技术新，实用性强，使读者能理论结合实践，获得知识的同时掌握技能。本书兼具理论与实际应用价值，可供相关教育工作者参考和借鉴。

由于笔者水平有限，本书难免存在不妥甚至谬误之处，敬请广大学界同人与读者朋友批评指正。

目录

第一章　岩土工程勘察认知

岩土工程勘察是各类工程建设中重要的必不可少的工作，是建筑工程设计和施工的基础。由于工程类别不同、工程规模大小不同，勘察设计、施工要求也有所不同，岩土工程勘察工作质量好坏，将直接影响到建设工程效应。预备知识学习就是要初学者了解岩土工程勘察工作必备的勘察基本常识、基本技术要求和所依据的规范及标准，为进一步学习岩土工程勘察相关知识和掌握勘察基本技能做好铺垫，为今后更好地开展岩土工程勘察工作和工程建设服务奠定良好的基础。

第一节　岩土工程勘察基本知识

一、岩土工程及岩土工程勘察

1. 岩土工程

（1）岩土工程的含义。

岩土工程是欧美国家于20世纪60年代在土木工程实践中建立起来的一种新的技术体制，是解决岩体与土体工程问题，包括地基与基础、边坡和地下工程等问题的一门学科。

岩土工程是以土力学、岩石力学、工程地质学和基础工程学的理论为基础，由地质学、力学、土木工程、材料科学等多学科结合形成的边缘学科，同时又是一门地质与工程紧密结合的学科，主要解决各类工程中关于岩石、土木的工程技术问题。就其学科的内涵和属性来说，属于土木工程的范畴，在土木工程中占有重要的地位。

（2）工作内容及研究对象。

按照工程建设阶段划分，岩土工程可分为岩土工程勘察、岩土工程设计、岩土工程治理、岩土工程监测、岩土工程检测。

岩土工程的研究对象是岩土体，主要包括岩土体的稳定性、地基与基础、地下工程及岩土体的治理、改造和利用等。这些研究通过岩土工程勘察、设计、施工与监测、地质灾害治理及岩土工程监理六个方面来实现。

在我国建设事业快速发展的带动下，岩土工程技术也取得了长足的进步。无论是岩土力学的理论研究，还是在岩土工程勘察测试技术、地基基础工程、岩土的加固和改良等方面都取得了十分明显的进步，许多方面已经达到或接近国际先进水平。

2. 岩土工程勘察

岩土体作为一种特殊的工程材料，不同于混凝土、钢材等人工材料。它是自然的产物，随着自然环境的不同而不同，从而表现出不同的工程特性。这就造成了岩土工程的复杂性和多变性，而且土木工程的规模越大，岩土工程问题就越突出、越复杂。在实际工程中，岩土问题、地基问题往往是影响投资和制约工期的主要因素，如果处理不当，就可能会带来灾难性的后果。随着人类土木工程规模的不断扩大，岩土工程有了不同的分支学科，岩土工程勘察就是岩土工程学科的一门重要的分支学科。

岩土工程勘察是根据建设工程的要求，查明、分析、评价建设场地的地质、环境特征和岩土工程条件，编制勘察文件的活动。

岩土工程勘察为满足工程建设的要求，具有明确的工程针对性和需要一定的技术手段，不同的工程要求和地质条件，应采用不同的技术方法。

任何一项土木工程在建设之初，都要进行建筑场地及环境地质条件的评价。根据建设单位的要求，对建筑场地及环境进行地质调查，为建设工程服务，最终提交岩土工程勘察报告的过程就是岩土工程勘察的主要工作内容。

根据工程项目类型的不同可分为房屋建筑勘察、水利水电工程勘察、公路工程和铁路工程勘察、市政工程勘察、港口码头工程勘察等；根据地质环境的地质条件不同，可分为不良地质现象的勘察和特殊土的勘察等。

二、岩土工程勘察的目的和任务

1. 岩土工程勘察的目的

岩土工程勘察是岩土工程技术体制中的一个首要环节。是指根据建设工程的要求，查明、分析、评价建设场地的地质、环境特征和岩土工程条件，编制勘察文件的活动。各项工程建设在设计和施工之前，必须按基本建设程序进行岩土工程勘察。其目的就是查明建设场地的工程地质条件，解决工程建设中的岩土工程问题，为工程建设服务。

不同于一般的地质勘查，岩土工程勘察需要采用工程地质测绘与调查、勘探和取样、原位测试、室内实验、检验和检测、分析计算、数据处理等技术手段，其勘察对象包括岩土的分布和工程特征、地下水的赋存及其变化、不良地质作用和地质灾害等地质、环境特征和岩土工程条件。

传统的工程地质勘查主要任务是取得各项地质资料和数据，提供给规划、设计、施工和建设单位使用。具体地说，工程地质勘查的主要任务有：

（1）阐明建筑场地的工程地质条件，并指出对工程建设有利和不利因素。

（2）论证建筑物所存在的工程地质问题，进行定性和定量的评价，做出确切结论。

（3）选择地质条件优良的建筑场地，并根据场地工程地质条件对建筑物平面规划布置提出建议。

（4）研究工程建筑物兴建后对地质环境的影响，预测其发展演化趋势，提出利用和保护地质环境的对策和措施。

（5）根据所选定地点的工程地质条件和存在的工程地质问题，提出有关建筑物类型、规模、结构和施工方法的合理建议，以及保证建筑物正常施工和使用应注意的地质要求。

（6）为拟定改善和防止不良地质作用的措施方案提供地质依据。

岩土工程是以土体和岩体作为科研和工程实践的对象，解决和处理建设过程中出现的所有与土体或岩体有关的工程技术问题。岩土工程勘察的任务不仅包含传统工程地质勘查的所有内容，即查明情况，正确反映场地和地基的工程地质条件，提供数据，而且要求结合工程设计、施工条件进行技术论证和分析评价，提出解决岩土工程问题的建议，并服务于工程建设的全过程，以保证工程安全，提高投资效益，促进社会和经济的可持续发展。其整体功能是为设计、施工提供依据。

建筑场地岩土工程勘察，包括工程地质调查与勘探、岩土力学测试、地基基础工程和地基处理等内容。

2. 岩土工程勘察的任务

（1）基本任务。

就是按照工程建设所处的不同勘察阶段的要求，正确反映工程地质条件，查明不良地质作用和地质灾害，精心勘察、进行分析，提出资料完整、评价正确的勘察报告。为工程的设计、施工以及岩土体治理加固、开挖支护和降水等工程提供工程地质资料和必要的技术参数，同时对工程存在的有关岩土工程问题做出论证和评价。

（2）具体任务。

1）查明建筑场地的工程地质条件，对场地的适宜性和稳定性做出评价，选择最优的建筑场地。

2）查明工程范围内岩土体的分布、形状和地下水活动条件，提供设计、施工、整治所需要的地质资料和岩土工程参数。

3）分析、研究工程中存在的岩土工程问题，并做出评价结论。

4）对场地内建筑总平面布置、各类岩土工程设计、岩土体加固处理、不良地质现象整治等具体方案做出论证和意见。

5）预测工程施工和运营过程中可能出现的问题，提出防治措施和整治建议。

3. 重要术语

（1）工程地质条件。

工程地质条件是指与工程建设有关的各种地质条件的综合。这些地质条件包括拟建场地的地形地貌、地质构造、地层岩性、水文地质条件、不良地质现象、人类工程活动和天然建筑材料等方面。

工程地质条件的复杂程度直接影响工程建筑物地基基础投资的多少，以及未来建筑物的安全运行。因此，任何类型的工程建设在进行勘察时必须首先查明建筑场地的工程地质条件，这是岩土工程勘察的基本任务。只有在查明建筑场地的工程地质条件的前提下，才能正确运用土力学、岩石力学、工程地质学、结构力学、工程机械、土木工程材料等学科的理论和方法，对建筑场地进行深入细致的研究。

（2）岩土工程问题。

岩土工程问题是拟建建筑物与岩土体之间存在的、影响拟建建筑物安全运行的地质问题。岩土工程问题因建筑物的类型、结构和规模的不同，以及地质环境的不同而异。

岩土工程问题复杂多样。例如，房屋建筑与构筑物主要的岩土工程问题是地基承载力和沉降问题。由于建筑物的功能和高度不同，对地基承载力的要求差别较大，允许沉降的要求也不同。此外，高层建筑物深基坑的开挖和支护、施工降水、坑底回弹隆起及坑外地面位移等各种岩土工程问题较多。而地下洞室主要的岩土工程问题是围岩稳定性问题，除此之外，还有边坡稳定、地面变形和施工涌水等问题。

岩土工程问题的分析与评价是岩土工程勘察的核心任务，在进行岩土工程勘察时，对存在的岩土工程问题必须给予正确的评价。

（3）不良地质现象。

不良地质现象是指能够对工程建设产生不良影响的动力地质现象，主要是指由地球内外动力作用引起的各种地质现象，如岩溶、滑坡、崩塌、泥石流、土洞、河流冲刷以及渗透变形等。

不良地质现象不仅影响建筑场地的稳定性，也对地基基础、边坡工程、地下洞室等具体工程的安全、经济和正常使用产生不利影响。因此，在复杂地质条件下进行岩土工程勘察时必须查明它们的规模大小、分布规律、形成机制和形成条件、发展演化规律和特点，预测其对工程建设的影响或危害程度，并提出防治的对策与措施。

三、岩土工程勘察的重要性

1. 工程建设场地选择的空间有限性

我国是一个人口众多的国家，良好的工程建设场地越来越有限，只有通过岩土工程勘察，查明拟建场地及其周边地区的水文工程地质条件，对现有场地进行可行性和稳定性论证，对场地岩土体进行改造和再利用，才能满足我国工程建设场地的要求。

2. 建设工程带来的岩土工程问题日益凸显

随着我国基础建设的发展，房屋建筑向空中和地下发展，南水北调、北煤南运、西气东送、高楼林立、高速公路等带来的地基沉降、基坑变形、人工边坡、崩塌和滑坡等各种岩土工程地质问题日益突出，因此要求岩土工程勘察必须提供更详细、更具体、更可靠的有关岩土体整治、改造和工程设计、施工的地质资料，对可能出现或隐伏的岩土工程问题进行分析评价，提出有效的预防和治理措施，以便在工程建设中及时发现问题，实时预报，及早预防和治理，把经济损失降到最小。

我国是一个地质灾害多发的国家，特殊性岩土种类众多，存在的岩土工程问题复杂多样。工程建设前，进行岩土工程勘察，查明建设场地的地质条件，对存在或可能存在的岩土工程问题提出解决方案，对存在的不良地质作用提前采取防治措施，可以有效防止地质灾害的发生。同时，岩土工程勘察所占工程投资比例甚低，但可以为工程的设计和施工提供依据和指导，以正确处理工程建筑与自然条件之间的关系。充分利用有利条件，避免或改造不利条件，减少工程后期处理费用，使建设的工程能更好地实现多快好省的要求。由此可见，工程建设过程中，岩土工程勘察工作显得相当重要。

3. 国家经济建设中的重要环节

各项工程建设在设计和施工之前必须按基本建设程序进行岩土工程勘察，岩土工程勘察的重要性和其质量的可靠性越来越被各级政府重视。《中华人民共和国建筑法》《建设工程质量管理条例》《建设工程勘察设计管理条例》《实施工程建设强制性条文标准监督规定》和《建设工程勘察质量管理办法》等法律、法规对此都有规定。对于勘察的建筑工程来说，工程勘察直接影响着建筑物的质量，决定了建筑物的安全、稳定、正常使用及建筑造价。因此，学习这门课程以及今后从事这项工作，具有非常重要的意义和责任。

关注点：《岩土工程勘察规范（2009 年版）》（GB50021—2001）强制性条文规定：各项建设工程在设计和施工之前，必须按基本建设程序进行岩土工程勘察。

《建筑地基基础设计规范》（GB50007—2011）中也明确规定：地基基础设计前应

进行岩土工程勘察。

因此，各项建设工程在设计和施工之前，必须按照“先勘察，后设计，再施工”的基本建设程序进行岩土工程勘察。岩土工程勘察应按工程建设各勘察阶段的要求，正确反映工程地质条件，查明不良地质作用和地质灾害，精心勘察、全面分析，提出资料完整、评价正确的勘察报告。

实践证明，岩土工程勘察工作做得好，设计、施工就能顺利进行，工程建筑的安全运营就有保证。相反，忽视建筑场地与地基的岩土工程勘察，会给工程带来不同程度的影响，轻则修改设计方案、增加投资、延误工期，重则使建筑物完全不能使用，甚至突然破坏，酿成灾害。近年来仍有一些工程不进行岩土工程勘察就设计施工，造成工程安全事故或安全隐患。

加拿大朗斯康谷仓是建筑物地基失稳的典型例子。该谷仓由 65 个圆柱筒仓组成，长 59.4 m、宽 23.5 m、高 31.0 m，钢筋混凝土片筏基础厚 2 m，埋置深度 3.6 m。谷仓总质量为 2 万 t，容积 36500 m³。当谷仓建成后装谷达 32000 m³ 时，谷仓西侧突然下沉 8.8 m，东侧上抬 1.5 m，最后整个谷仓倾斜 26° 53’。由于谷仓整体刚度较强，在地基破坏后，筒仓完整，无明显裂缝。事后勘察了解，该建筑物地基下埋藏有厚达 16 m 的高塑性淤泥质软土层。谷仓加载使基础底面上的平均荷载达到 320 kPa，超过了地基的极限承载力 245 kPa，因而地基强度遭到破坏发生整体滑动。为修复谷仓，在基础下设置了 70 多个支撑于深 16 m 以下基岩上的混凝土墩，使用 338 个 500 kN 的千斤顶，逐渐把谷仓纠正过来。修复后谷仓的标高比原来降低了 4 m。这在地基事故处理中是个奇迹，当然费用十分昂贵。

我国著名的苏州虎丘塔，位于苏州西北，建于五代周显德六年至北宋建隆二年（公元 959—961 年间），塔高 47.68 m，塔底对边南北长 13.81 m，东西长 13.64 m，平均 13.66 m，全塔七层，平面呈八角形，砖砌，全部塔重支撑在内外 12 个砖墩上。由于地基为厚度不等的杂填土和亚黏土夹块石，地基土的不均匀和地表丰富的雨水下渗导致水土流失而引起的地基不均匀变形使塔身严重偏斜。自 1957 年初次测定至 1980 年 6 月，塔顶的位移由 1.7 m 发展到 2.32 m，塔的重心偏离 0.924 m，倾斜角达 2° 48′ 。由于塔身严重向东北向倾斜，各砖墩受力不均，致使底层偏心受压处的砌体多处出现纵向裂缝。如果不及时处理，虎丘塔就有毁坏的危险。鉴于塔身已遍布裂缝，要求任何加固措施均不能对塔身造成威胁。因此，决定采用挖孔桩方法建造桩排式地下连续墙，钻孔注浆和树根桩加固地基方案，在塔外墙 3 m 处布置 44 个直径为 1.4 m 人工挖孔的桩柱，伸入基岩石 50cm，灌注钢筋混凝土，桩柱之间用素混凝土搭接防渗，在桩柱顶端浇注钢筋混凝土圈梁连成整体，在桩排式地基连续墙建成后，再在围桩范围地基内注浆。经加固处理后，塔体的不均匀沉降和倾斜才得以控制。

曾引起震惊的我国香港宝城大厦事故，就是由于勘察时对复杂的建筑场地条件缺乏足够的认识而没有采取相应对策留下隐患而引起的。该大厦建在山坡上，1972 年雨季出现连续大暴雨，引起山坡残积土软化、滑动。7 月 18 日早晨 7 点，大滑坡体下滑，冲毁高层建筑宝城大厦，居住在该大厦的银行界人士 120 人当场死亡。

由此可见，岩土工程勘察是各项工程设计与施工的基础性工作，具有十分重要的意义。

四、我国岩土工程勘察发展阶段

岩土工程是在工程地质学的基础上发展并延伸出的一门属于土木工程范畴的边缘学科，是土木工程的一个分支。

1. 岩土工程勘察体制的形成和发展

（1）中华人民共和国成立初期。

由于国民经济建设的需要，在城建、水利、电力、铁路、公路、港口等部门，岩土工程勘察体制沿用苏联的模式，建立了工程地质勘查体制，岩土工程勘察工作很不统一，各行业对岩土工程的勘察、设计及施工都有各自的行业标准。这些标准或多或少都有一定的缺陷，主要表现在：1）勘察与设计、施工严重脱节；2）专业分工过细，勘察工作的范围仅仅局限于查清条件，提供参数，而对如何设计和处理很少过问，再加上行业分割和地方保护严重，知识面越来越窄，活动空间越来越小，影响了勘察工作的社会地位和经济效益的提高。

（2）20 世纪 80 年代以来。

针对工程地质勘查体制中存在的问题，我国自 1980 年开始进行了建设工程勘察、设计专业体制的改革，引进了岩土工程体制。这一技术体制是市场经济国家普遍实行的专业体制，是为工程建设的全过程服务的。因此，很快就显示出其突出的优越性。它要求勘察与设计、施工、监测密切结合而不是机械分割；要求服务于工程建设的全过程，而不仅仅为设计服务；要求在获得资料的基础上，对岩土工程方案进一步进行分析论证，并提出合理的建议。

（3）20 世纪 90 年代以来。

随着我国工程建设的迅猛发展，高层建筑、超高层建筑以及各项大型工程越来越多，对天然地基稳定性计算与评价、桩基计算与评价、基坑开挖与支护、岩土加固与改良等方面，都提出了新的研究课题，要求对勘探、取样、原位测试和监测的仪器设备、操作技术和工艺流程等不断创新。由勘察工作与设计、施工、监测相结合并积累了许多勘察经验和资料。30 多年来，勘察行业体制的改革虽然取得了明显的成绩，但是真正的岩土工程体制的改革还没有到位，勘察工作仍存在许多问题，缺乏法定的规范、规程和技术监督。此外，某些地区工程勘察市场比较混乱，勘察质量不高。

（4）岩土工程是在第二次世界大战后经济发达国家的土木工程界为适应工程建设和技术、经济高速发展需要而兴起的一种科学技术，因此在国际上岩土工程实际上只有五六十年的历史。在中国，岩土工程研究被提上日程并在工程勘察界推行也不过40年左右的历史。

中国工程勘察行业是在20世纪50年代初建立并发展起来的，基本上是照搬苏联的一套体制与工作方法，这种情况一直延续到80年代。工程地质勘查的主要任务是查明场地或地区的工程地质条件，为规划、设计、施工提供地质资料。我国的工程地质勘查体制虽然在中国经济建设中发挥了巨大作用，但同时也暴露了许多问题。在实际工作中，一般只提出勘察场地的工程地质条件和存在的地质问题，很少涉及解决问题的具体方法。勘察与设计、施工严重脱节，勘察工作局限于“打钻、取样、试验、提报告”的狭小范围。由于上述原因，工程地质勘查工作在社会上不受重视，处于从属地位，经济效益不高，技术水平提高不快，勘察人员的技术潜力得不到充分发挥，使勘察单位的路子越走越窄，不能在国民经济建设中发挥应有的作用。

（5）自20世纪80年代以来，特别是自1986年以来，在原国家计委设计局、原建设部勘察设计公司的积极倡导和支持下，各级政府主管部门、各有关社会团体、科研机构、大专院校和广大勘察单位，在调研探索、经济立法、技术立法、人才培训、组织建设、业务开拓、技术开发、工程试点及信息经验交流等方面积极地进行了一系列卓有成效的工作，我国开始推行岩土工程体制。经过40余年的努力，目前我国已确立了岩土工程体制。岩土工程勘察的任务，除了应正确反映场地和地基的工程地质条件外，还应结合工程设计、施工条件，进行技术论证和分析评价，提出解决岩土工程问题的建议，并服务于工程建设的全过程，具有很强的工程针对性。其主要标志是我国首部《岩土工程勘察规范》（GB50021—94）于1995年3月1日实施，修订过的《岩土工程勘察规范》（GB50021—2001）于2002年1月1日发布，3月1日实施。《工程勘察收费标准》（2002版）也正式对岩土工程收费做了规定。2002年9月，我国开始进行首次注册土木工程师（岩土）执业资格考试。积极推行国际通行的市场准入制度：着眼于负责签发工程成果并对工程质量负终生责任的专业技术人员的基本素质上，单位依靠符合准入条件的注册岩土工程师在成果、信誉、质量、优质服务上的竞争，由岩土工程师主宰市场。企业发展趋势：鼓励成立以专业技术人员为主的岩土工程咨询（或顾问）公司和以劳务为主的钻探公司、岩土工程治理公司；推行岩土工程总承包（或总分包），承担工程项目不受地区限制。岩土工程咨询（或顾问）公司承担的业务范围不受部门、地区的限制，只要是岩土工程（勘察、设计、咨询监理以及监测检测）都允许承担；但如果是岩土工程测试（或检测监测）公司，则只限于承担测试（检测监测）任务，钻探公司、岩土工程治理公司不能单独承接岩土工程有关任务，只能同岩土工程咨询（或顾问）公司签订承接合同。

2. 岩土工程勘察规范的发展

为了使岩土工程行业真正形成岩土工程体制，适应社会主义市场经济的需要，并且与国际接轨，规范岩土工程勘察工作，做到技术先进、经济合理，确保工程质量和提高经济效益，由中华人民共和国建设部会同有关部门共同制定了《岩土工程勘察规范》（GB50021—1994），于 1995 年 3 月 1 日正式实施。该规范是对《工业与民用建筑工程地质勘查规范》（TJ21—77）的修订，标志着岩土工程勘察体制的正式实施，它既总结了新中国成立以来工程实践的经验和科研成果，又注意尽量与国际标准接轨。在该规范中首次提出了岩土工程勘察等级，以便在工程实践中按工程的复杂程度和安全等级区别对待；对工程勘察的目标和任务提出了新的要求，加强了岩土工程评价的针对性；对岩土工程勘察与设计、施工、监测密切结合提出了更高的要求；对各类岩土工程如何结合具体工程进行分析、计算与论证，做出了相应的规定。

2002 年，中华人民共和国建设部又对《岩土工程勘察规范》（GB50021—1994）进行了修改和补充，颁布了《岩土工程勘察规范》（GB50021—2001）。

2009 年，中华人民共和国住房和城乡建设部对《岩土工程勘察规范》（GB50021—2001）进行了修订，颁布了《岩土工程勘察规范（2009 年版）》（GB50021—2001），使部分条款的表达更加严谨，与相关标准更加协调。该规范是目前我国岩土工程勘察行业实行的强制性国家标准。它指导着我国岩土工程勘察工作的正常进行与顺利发展。

第二节　岩土工程勘察基本技术要求

一、岩土工程勘察分级

1. 目的依据及分级

（1）岩土工程勘察分级的目的。

岩土工程勘察等级划分的主要目的，是为了勘察工作的布置及勘察工作量的确定。进行任何一项岩土工程勘察工作，首先应对岩土工程勘察等级进行划分。显然，工程规模较大或较重要、场地地质条件以及岩土体分布和性状较复杂者，所投入的勘察工作量就较大，反之则较小。

（2）岩土工程勘察分级的依据。

按《岩土工程勘察规范（2009年版）》（GB50021—2001）的规定，岩土工程勘察的等级，是由工程重要性等级、场地的复杂程度等级和地基的复杂程度等级三项因素决定的。

（3）岩土工程勘察等级分级。

岩土工程勘察等级分为甲、乙、丙三级。

2. 岩土工程勘察等级的判别

岩土工程勘察等级的判别顺序如下：

工程重要性等级判别→场地复杂程度等级判别→地基复杂程度等级判别→勘察等级判别。

（1）工程重要性等级判别。

工程重要性等级，是根据工程的规模和特征，以及由于岩土工程问题造成工程破坏或影响正常使用的后果，划分为三个工程重要性等级，见表1-1。

表1-1 工程重要性等级划分

工程重要性等级	工程的规模和特征	破坏后果
一级	重要工程	很严重
二级	一般工程	严重
三级	次要工程	不严重

对于不同类型的工程来说，应根据工程的规模和特征具体划分。目前房屋建筑与构筑物的设计等级，已在《建筑地基基础设计规范》（GB50007—2011）中明确规定：地基基础设计应根据地基复杂程度、建筑物规模和功能特征以及由于地基问题可能造成建筑物破坏或影响正常使用的程度分为三个设计等级，设计时应根据具体情况，见表1-2。

表1-2 工程重要性等级划分

设计等级	工程的规模	建筑和地基类型
甲级	重要工程	重要的工业与民用建筑物； 30层以上的高层建筑；体型复杂，层数相差超过10层的高低层连成一体的建筑物；大面积的多层地下建筑物（如地下车库、商场、运动场等）；对地基变形有特殊要求的建筑物；复杂地质条件下的坡上建筑物（包括高边坡）；对原有工程影响较大的新建建筑物；场地和地基条件复杂的一般建筑物；位于复杂地质条件及软土地区的二层及二层以上地下室的基坑工程；开挖深度大于15m的基坑工程；周边环境条件复杂、环境保护要求高的基坑工程
乙级	一般工程	除甲级、丙级以外的工业与民用建筑物，除甲级、丙级以外的基坑工程
丙级	次要工程	场地和地基条件简单，荷载分布均匀的七层及七层以下的民用建筑及一般工业建筑物，次要的轻型建筑物。 非软土地区且场地地质条件简单、基坑周边环境条件简单、环境保护要求不高且开挖深度小于0.5m的基坑工程

目前，地下洞室、深基坑开挖、大面积岩土处理等尚无工程重要性等级划分的具体规定，可根据实际情况确定。大型沉井和沉箱、超长桩基和墩基、有特殊要求的精密设备和超高压设备、有特殊要求的深基坑开挖和支护工程、大型竖井和平洞、大型基础托换和补强工程，以及其他难度大、破坏后果严重的工程，以列为一级工程重要性等级为宜。

（2）场地复杂程度等级判别。

场地复杂程度等级是由建筑抗震稳定性、不良地质现象发育情况、地质环境破坏程度、地形地貌条件和地下水五个条件衡量的。

《建筑抗震设计规范》（GBJ50011—2010）有如下规定：

1）建筑抗震稳定性地段的划分。

危险地段地震时可能发生滑坡、崩塌、地陷、地裂、泥石流及发震断裂带上发生地表错动的部位。

不利地段软弱土，液化土，条状突出的山嘴，高耸孤立的山丘，非岩质的陡坡，河岸和斜坡的边缘，平面分布上成因、岩性、状态明显不均匀的土层（如古河道、疏松的断层破碎带、暗埋的塘浜沟谷和半填半挖地基），高含水的可塑黄土，地表存在结构性裂缝，等等。

一般地段不属于有利、不利和危险的地段。

有利地段稳定基岩、坚硬土，开阔、平坦、密实、均匀的中硬土等。

关注点：不利地段的划分应注意的是，上述表述的是有利、不利和危险地段，对于其他地段可划分为可进行建设的一般场地。不能一概将软弱土都划分为不利地段，应根据地形、地貌和岩土特性综合评价。

如某综合楼场地北部有6.4~6.7m厚的杂填土，地下水位埋深6.1~6.2m，杂填土和黄土状土之间差异明显，应定为不均匀地基。若采用灰土挤密桩处理会水量偏高、效果差；若采用桩基孔太浅也不经济；最后与设计者沟通后建议对局部杂填土进行换土处理，换土后其上部统一做1.5m厚的3 ： 7灰土垫层。处理后将场地定为可进行建设的一般场地，没有划分为不利地段。

2）不良地质现象发育情况。

强烈发育是指泥石流沟谷、崩塌、土洞、塌陷、岸边冲刷、地下水强烈潜蚀等极不稳定的场地，这些不良地质作用直接威胁着工程的安全。

一般发育是指虽有上述不良地质作用，但并不十分强烈，对工程设施安全的影响不严重，或者说对工程安全可能有潜在的威胁。

3）地质环境破坏程度。“地质环境”是指人为因素和自然因素引起的地下采空、地面沉降、地裂缝、化学污染、水位上升等。

强烈破坏是指由于地质环境的破坏，已对工程安全构成直接威胁，如矿山浅层采空导致明显的地面变形、横跨地裂缝等。

一般破坏是指已有或将有地质环境的干扰破坏，但并不强烈，对工程安全的影响不严重。

4）地形地貌条件。主要指的是地形起伏和地貌单元（尤其是微地貌单元）的变化情况。

复杂山区和陵区场地地形起伏大，工程布局较困难，挖填土石方量较大，土层分布较薄且下伏基岩面高低不平，一个建筑场地可能跨越多个地貌单元。较复杂地貌单元分布较复杂。简单平原场地地形平坦，地貌单元均一，土层厚度大且结构简单。

5）地下水条件。地下水是影响场地稳定性的重要因素，地下水的埋藏条件、类型和地下水位等直接影响工程及其建设。根据场地的复杂程度，可按下列规定分为三个场地等级，见表 1-3。

表 1-3　场地复杂程度等级划分

场地复杂程度等级	建筑抗震稳定性	不良地质现象发育	地质环境破坏程度	地形地貌条件	地下水
一级（复杂场地）	危险	强烈发育	已经或可能受到强烈破坏	复杂	有影响工程的多层地下水，岩溶裂隙水或其他水文地质条件复杂，需专门研究的场地
二级（中等复杂场地）	不利	一般发育	已经或可能受到一般破坏	较复杂	基础位于地下水位以下的场地
三级（简单场地）	抗震设防度等于或小于Ⅵ度，或是建筑抗震有利的地段	不发育	基本未受破坏	简单	对工程无影响

（3）地基复杂程度等级判别

依据岩土种类、地下水的影响、特殊土的影响，地基复杂程度也划分为三级，见表 1-4。

表 1-4　地基复杂程度等级划分

地基复杂程度等级	岩土种类	地下水的影响	特殊土的影响	备注
一级	种类多，性质变化大	对工程影响大，且需特殊处理	多年床土及湿陷、膨压、烟渍、污染严重的特殊性岩土，对工程影响大，需做专门处理	变化复杂，同一场地上存在多种的或强烈程度不同的特殊性岩土

续表

地基复杂程度等级	岩土种类	地下水的影响	特殊土的影响	备注
二级	种类较多，性质变化较大	对工程有不利影响	除上述规定之外的特殊性岩土	
三级	种类单一，性质变化不大	地下水对工程无影响	无特殊性岩土	

注：一级地基的特殊土为严重湿陷、膨胀、盐渍、污染的特殊性岩土，多年冻土情况特殊，勘察经验不多，也应列为一级地基。“严重湿陷、膨胀、盐渍、污染的特殊性岩土”，是指自重湿陷性土、三级非自重湿陷性土、三级膨胀性土等；其他需做专门处理的以及变化复杂、同一场地上存在多种强烈程度不同的特殊性岩土时，也应列为一级地基。一级、二级地基各条件中只要符合其中任一条件者即可。

（4）勘察等级判别。

综合上述三项因素的分级，即可划分岩土工程勘察的等级，根据工程重要性等级、场地复杂程度等级和地基复杂程度等级，可按下列条件划分岩土工程勘察等级。

关注点：建筑在岩质地基上的一级工程，当场地复杂程度等级和地基复杂程度等级均为三级时，岩土工程勘察等级可定为乙级。

勘察等级可在勘察工作开始前，通过搜集已有资料确定，但随着勘察工作的开展，对自然认识的深入，勘察等级也可能发生改变。

二、岩土工程勘察阶段的划分

为保证工程建筑物自规划设计到施工和使用全过程达到安全、经济、适用的标准，使建筑物场地、结构、规模、类型与地质环境、场地工程地质条件相互适应，要求任何工程的规划设计过程必须遵照循序渐进的原则，即科学地划分为若干阶段进行。

按照《岩土工程勘察规范（2009 年版）》（GB50021—2001）要求，岩土工程勘察的工作可划分为可行性研究勘察、初步勘察、详细勘察和施工勘察等四个阶段。可行性研究勘察应符合选择场址方案的要求；初步勘察应符合初步设计的要求；详细勘察应符合施工图设计的要求；场地条件复杂或有特殊要求的工程或出现施工现场与勘察结果不一致时，宜进行施工勘察。场地较小且无特殊要求的工程可合并勘察阶段。当建筑物平面布置已经确定，且场地或其附近已有岩土工程资料时，可根据实际情况，直接进行详细勘察。

据勘察对象的不同，可分为水利水电工程（主要指水电站、水工构筑物），铁路工程，公路工程，港口码头，大型桥梁及工业、民用建筑，等等。由于水利水电工程、铁路工程、公路工程、港口码头等工程一般比较重大、投资造价及重要性高，国家分别对这些类别的工程勘察进行了专门的分类，编制了相应的勘察规范、规程和技术标准等，这些工程的勘察称为工程地质勘查。因此，通常所说的“岩土工程勘察”主要指工业、民用建筑工程的勘察，勘察对象主体主要包括房屋楼宇、工业厂房、学校楼舍、医院建筑、市政工程、管线及架空线路、岸边工程、边坡工程、基坑工程、地基处理等。

三、岩土工程勘察的方法

1. 常用方法

岩土工程勘察的方法或技术手段，常用的有以下几种：

（1）工程地质测绘。

工程地质测绘是采用收集资料、调查访问、地质测量、遥感解译等方法，查明场地的工程地质要素，并绘制相应的工程地质图件的勘察方法。

工程地质测绘是岩土工程勘察的基础工作，也是认识场地工程地质条件最经济、最有效的方法，一般在勘察的初期阶段进行。在地形地貌和地质条件较复杂的场地，必须进行工程地质测绘；但对地形平坦、地质条件简单且较狭小的场地，则可采用调查代替工程地质测绘。高质量的测绘工作能相当准确地推断地下地质情况，起到有效地指导其他勘察方法的作用。

（2）岩土工程勘探。

岩土工程勘探是岩土工程勘察的一种手段，包括物探、钻探、坑探、井探、槽探、动探、触探等。它可用来调查地下地质情况，并且可利用勘探工程取样、进行原位测试和监测，应根据勘察目的及岩土的特性选用上述各种勘探方法。

物探是一种间接的勘探手段，可初步了解地下地质情况。

钻探是直接勘探手段，能可靠了解地下地质情况，在岩土工程勘察中必不可少，是一种使用最为广泛的勘探方法，在实际工作中，应根据地层类别和勘察要求选用不同的钻探方法。

当钻探方法难以查明地下地质情况时，可采用坑探方法。它也是一种直接的勘探手段，在岩土工程勘察中必不可少。

（3）原位测试。

原位测试是为岩土工程问题分析评价提供所需的技术参数，包括岩土的物性指标、强度参数、固结变形特性参数、渗透性参数和应力、应变时间关系的参数等。原位测试一般都借助于勘探工程进行，是详细勘察阶段主要的一种勘察方法。

（4）现场检验与监测。

现场检验是指采用一定手段，对勘察成果或设计、施工措施的效果进行核查；是对先前岩土工程勘察成果的验证核查以及岩土工程施工的监理和质量控制。

现场监测是在现场对岩土性状和地下水的变化、岩土体和结构物的应力、位移进行系统监视和观测。它主要包括施工作用和各类荷载对岩土反应性状的监测、施工和运营中的结构物监测和对环境影响的监测等方面。

现场检验与监测是构成岩土工程系统的一个重要环节，大量工作在施工和运营期间进行；但是这项工作一般需在高级勘察阶段开始实施，所以又被列为一种勘察方法。它的主要目的在于保证工程质量和安全，提高工程效益。检验与监测所获取的资料，可以反求出某些工程技术参数，并以此为依据及时修正设计，使之在技术和经济方面优化。此项工作主要是在施工期间内进行，但对有特殊要求的工程以及一些对工程有重要影响的不良地质现象，应在建筑物竣工运营期间继续进行。

岩土工程勘察手段依据建筑工程和岩土类别的不同可采用以上几种或全部手段，对场地工程地质条件进行定性或定量分析评价，编制满足不同阶段所需的成果报告文件。

2. 岩土工程勘察新技术的应用

随着科学技术的飞速发展，在岩土工程勘察领域中不断引进高新技术。例如，工程地质综合分析、工程地质测绘制图和不良地质现象监测中的遥感（RS）、地理信息系统（GIS）和全球卫星定位系统（GPS），即“3S”技术的引进；勘探工作中地质雷达和地球物理层析成像技术（CT）的应用；数值化勘察技术（数字化建模方法、数字化岩土勘察工程数据库系统）等，对岩土工程勘察的发展有着积极的促进作用。

由于岩土工程的特殊性，大多情况无法采用直接、直观的手段实现对地基岩土性状的调查和获取其工程特性指标。这就要求岩土工程勘察技术人员掌握相关的各类规范、规程，并在勘察工作中仔细、认真以及全面考虑，确保勘察工作有条不紊地开展，从而使勘察成果满足设计的使用要求，最终确保工程建设的安全、高效运行，实现国民经济社会的可持续发展。

四、常用技术规范

岩土工程勘察涉及许多国家规范和标准，对于从事岩土工程勘察的技术人员来说应熟悉，并能准确、认真地执行。本书所依据的行业标准主要有：

（1）《岩土工程勘察规范 2009 年版》（GB50021—2001）。

（2）《工程地质手册》（第四版）。

（3）《建筑地基基础设计规范》（GB50007—2011）。

（4）《建筑桩基技术规范》（JGJ94—2008）。

（5）《建筑抗震设计规范》（GB50011—2010）。

（6）《高层建筑岩土工程勘察规程》（JGJ72—2004）。

（7）《建筑工程地质勘探与取样技术规程》（JGJT87—2012）。

（8）《岩土工程勘察报告编制标准》（CECS99：98）。

（9）《工程勘察设计收费管理规定》（计价格〔2002〕10号）。

（10）《工程岩体分级标准》（GB50218—1994）。

第三节　岩土工程勘察工作程序

岩土工程勘察工作程序是工程勘察质量控制的基本保障，应按照规范确定的勘察目的、任务和要求合理设置。

岩土工程勘察工作程序主要包括勘察前期工作、现场勘察施工及勘察成果编制与送审，具体可分为勘察投标书的编制、勘察合同的签订、工程地质测绘、岩土工程勘探、岩土原位测试、现场检验与监测、岩土参数分析与选定、岩土工程分析评价与报告编写、报告审定与出版存档等。

体现岩土工程勘察工作程序的三大项九个单项工作之间，要求既相对独立又相互联系，循环实施，才能体现一个完整的岩土工程勘察过程的有效性。岩土工程勘察项目实施的基本过程如下：

一、勘察前期工作

岩土工程勘察前期工作，主要是在通过了解项目现场基本情况，并收集相关资料的基础上编制岩土工程勘察投标书。项目中标后，与甲方签订岩土工程勘察合同。其目的是勘察者在勘察前明确建筑结构概况，弄清建筑设计对勘察的要求，其中编制岩土工程勘察投标书和签订岩土工程勘察合同是前期的两项重要工作。

1. 收集资料

资料收集是否齐全、准确，是保证工程项目顺利完成的前提，必须高度重视，目前勘察市场中仍存在前期资料收集不全，拟建工程的结构形式、场地整平标高、勘探点坐标等情况不清，设计单位的勘察技术要求缺乏，对工程场地原有地形地貌、不良地质作用及地质灾害不进行调查等情况，对工程顺利完成造成了一定影响。

关注点：《岩土工程勘察规范（2009年版）》（GB50021—2001）中的强制性条文明确规定：“搜集附有坐标和地形的建筑总平面图，建筑物的性质、规模、荷载、结构特点，基础形式、埋置深度、地基允许变形等资料。”

2. 编制岩土工程勘察投标书

勘察投标书是进行勘察项目的前提条件，在工程建设中起着龙头作用，是提高工程项目投资效益、社会效益和环境效益的最重要因素。其技术标（勘察施工组织设计方案）既是投标的主要文件，又是指导勘察施工的主要内容，具体内容包括工程概况、勘察方案、勘察成果分析及报告书编写、本工程投入技术力量及施工设备、进度计划、工期保证措施、工程质量保证措施、安全保证措施、承诺及报价等。

但目前勘察市场中仍存在：在无设计要求和建筑结构概况不明的情况下，勘察单位仅凭业主的陈述，按其要求进行勘察，最终导致勘察报告的深度和广度不符合建筑设计的要求。

如某单层厂房设计行车为60t，单柱最大荷重6000kN，而勘察人员认为单层厂房为很次要的工程，按天然地基浅基础进行勘察。当设计人员想设计桩基础时，勘察报告不满足要求。

又如在某工程场地内有防空洞入口通向该拟建场地，可勘察人员在报告中不予以查明、评价，又不提请注意。

再如某拟建的垃圾中转站，主要位于人工鱼塘上，堆填后用于建设，某勘察单位没有搜集原有地形资料，也不进行调查访问，恰好钻孔布置在塘堤上，勘察单位仅根据钻探成果推荐了天然地基，施工开挖后发现实际情况与勘察报告大相径庭，天然地基根本不适合，设计方重新修改设计，采用了地基处理，给业主方造成了一定的损失。

3. 签订勘察合同

项目中标后，与甲方签订岩土工程勘察合同，双方按合同履约。

（1）现场勘察施工。

在勘察施工前，应明确勘察任务、需提交的勘察资料、勘察依据及技术要求、投入的勘察工作量等，依据勘察任务书进行勘察施工，其工作主要包括工程地质测绘、岩土工程勘探（勘探孔定位测量、勘探孔编录、采集样品及送样）、原位测试（标准贯入试验、重型动力触探、现场水文地质试验、波速测试等）、现场检验与监测（勘察质量检查、验槽等）等。在施工过程中，要注意勘察的重点和难点问题。同时要建立质量和安全保障措施，保证施工质量和施工安全。

（2）勘察成果编制与送审。

通过现场勘察后，应及时对工程编录资料综合整理、审核及计算机录入，并进行岩土工程分析评价，编制报告图文表初稿；之后对报告进行初步审查及修改；最后对报告进行审定、出版及存档。

关注点：建设工程施工现场的验槽、脸孔、基础验收是岩土工程勘察基本过程质量控制的重要环节，勘察时必须高度重视。

建设工程施工现场的验槽、脸孔、基础验收等工作，也是岩土工程勘察的基本过程，勘察单位应参与施工图纸会审、基础施工现场验槽、脸孔、基础验收等工作，并现场解释说明岩土工程勘察报告成果反映的重要岩土工程问题及其防治措施建议，以保障基础工程设计施工符合场地地基岩土条件，及时发现和解决基础施工中新的岩土工程问题及勘察工作的不足。

由于场地地基水文工程地质条件复杂多变、建设工程布置方案的调整变更，对于工程勘察项目委托单位等提出的勘察新要求，一般情况下应当以书面函件形式向勘察单位提出。勘察单位应当根据实际情况，以积极的态度进行沟通处置，及时进行岩土工程分析，及时出具解释性报告或者变更报告，必要时应当进行施工勘察或者补充勘察。

关注点：对图审回复、现场验槽脸孔、基础验收、施工勘察或者补充勘察工程过程中产生的岩土工程分析报告成果，一般以工程勘察说明通知单的文件形式表达，不宜修改已经提交给建设单位设计施工使用了的勘察报告文件。

第二章　岩土工程勘察的基本要求及主要类别

岩土工程勘察为工程建设提供准确的岩土工程参数，以便工程设计人员对工程相关状况有更好地把控。岩土工程勘察有着极强的专业性，由于其勘察对象都位于地下，且岩土体往往有极为复杂的形态，所以岩土工程勘察常常会遇到各种问题，尤其在当地下条件多变且复杂时，勘察工作面临的困难更多，一些问题甚至对工程的效益与安全有重要影响。因此，针对当前我国岩土工程勘察中存在的主要问题展开探讨，给出针对性优化措施，具有十分重要的现实意义。

第一节　岩土工程勘察的基本程序

各项建设工程在设计和施工之前，必须按基本建设程序进行岩土工程勘察。岩土工程勘察不仅要得到正确规划、设计、施工，使用工程建筑所需的地质资料，而且要更多地涉及场地地基岩土体的整治、改造和利用的分析论证，这也体现了岩土工程勘察服务于工程建设全过程的指导思想。岩土工程勘察应按工程建设各勘察阶段的要求，正确反映工程地质条件，查明不良地质作用和地质灾害，精心分析，提出资料完整、评价正确的勘察报告。

岩土工程涉及的工程种类繁多，几乎关系到工程建设的方方面面，但由于不同工程种类的岩土工程勘察目的、任务和内容各不相同，所以在岩土工程勘察时，应按其工程特点划分类别，按工程的重要性、场地及地基土的复杂程度划分勘察级别，按工程设计要求划分勘察阶段，并应遵循相适应的勘察技术标准，保证岩土工程勘察质量和勘察生产技术合理化。岩土工程勘察要求分阶段进行，各勘察阶段的勘察程序主要为承接勘察项目，筹备勘察工作，编写勘察大纲，进行现场勘察，室内岩土（水）试验，整理勘察资料，编写提交勘察报告。基本程序如下：

（1）承接勘察任务（签订勘察合同）。

通常由建设单位会同设计单位（即委托方，简称甲方）委托勘察单位（即承包方，简称乙方）进行。签订合同时，甲方需向乙方提供相关文件和资料，并对其可靠性负责。

相关文件包括：工程项目批件；用地批件（附红线范围的复制图）；岩土工程勘察委托书及技术要求（包括特殊技术要求）；勘察场地现状地形图（比例尺需与勘察阶段相适应）;勘察范围和建筑总平面布置图各一份（特殊情况可用有相对位置的平面图）；已有的勘察与测量资料。

（2）搜集资料，踏勘，编制工程勘察纲要。

这是保证勘察工作顺利进行的重要步骤。在搜集已有资料和野外勘察的基础上，根据合同任务书要求和踏勘调查的结果，分析预估建设场地的复杂程度及其岩土工程性状，按勘察阶段要求布置相适应的勘察工作量，并选择有效勘察方法和勘探测试手段等。在制订勘察计划时还要考虑勘察过程中可能未预料到的问题，为更改勘察方案留有余地。

（3）工程地质测绘和调查。

在可行性研究勘察阶段和初步勘察阶段进行。对于详细勘察阶段的复杂场地也应考虑工程地质测绘。工程地质测绘之前应尽量利用航片或卫片、遥感影像翻译资料。当场地条件简单时，仅作调查。根据工程地质测绘成果可进行建设场地的工程地质条件分区，为场地的稳定性和建设工程的适宜性进行初判。

（4）现场勘探，采取水样、原状（岩样）土样。

现场勘探方法主要有钻探、井探、槽探、工程物探等，并可配合原位测试和采取原状（岩）土试样，水试样，以进行室内土工试验和水分析实验。

（5）岩土测试（包括室内试验和原位测试）。

其目的是为地基基础设计提供岩土技术参数。测试项目通常按岩土特性和建设工程的性质确定。

（6）室内资料分析整理。

（7）提交岩土工程勘察报告。

第二节　岩土工程勘察级别

根据工程重要性等级、场地复杂程度等级和地基复杂程度等级，划分岩土工程勘察等级。

一、工程重要性等级

根据地基复杂程度，建筑物规模和功能特征以及由于地基问题可能造成建筑物破坏或影响正常使用的程度，将地基基础设计分为甲、乙、丙 3 个设计等级。岩土工程勘察中，根据工程的规模和特征，以及由于岩土工程问题造成工程破坏或影响正常使用的后果把工程重要性等级划分为一级、二级、三级，与地基基础设计等级相一致。工程重要性等级主要考虑工程岩土体或工程结构失稳破坏导致工程建筑毁坏所造成生命及财产经济损失、社会影响、修复可能性等因素。

表 2-1 地基基础设计等级

设计等级	建筑和地基类型
甲级	重要的工业与民用建筑物，30 层以上的高层建筑：体型复杂，层数相差超过 10 层的高低连成一体的建筑物：大面积的多层地下建筑物（如地下车库，商场、运动场等）：对地基空形有特殊要求的建筑物：复杂地质条件下的坡上建筑物（包括高边坡）：对原有工程影响较大的新建建筑物：场地和地基条件复杂的一般建筑物：位于复杂地质条件及软土地区的 2 层及 2 层以上地下室的基坑工程
乙级	除甲级、丙级以外的工业与民用建筑物
丙级	场地和地基条件简单、荷载分布均匀的 7 层及 7 层以下民用建筑及一般工业建筑物，次要的轻型建筑物

表 2-2 工程重要性等级

工程重要性等级	破坏后果	工程类型
一级工程	很严重	重要工程
二级工程	严重	一般工程
三级工程	不严重	次要工程

二、场地复杂程度等级

可以从建筑抗震稳定性，不良地质作用发育情况、地质环境破坏程度、地形地貌条件和地下水条件 5 个方面综合考虑。

（一）建筑抗震稳定性

按国家标准规定，选择建筑场地时，应根据地质、地形、地貌条件划分对建筑抗震有利，一般不利和危险的地段。

（1）危险地段：地震时可能发生滑坡、崩塌、地陷、地裂、泥石流等以及发震断裂带上可能发生地表位错的部位。

（2）不利地段：软弱土，液化土，条状突出的山嘴，高耸孤立的山丘，陡坡，陡坎，河岸和边坡的边缘，平面分布上成因、岩性、性状明显不均匀的土层（含故河道、疏松的断层破碎带、暗埋的塘滨沟谷和半填半挖地基），高含水量的可塑黄土，地表存在结构性裂缝等。

（3）一般地段：不属于有利、不利和危险的地段。

（4）有利地段：稳定基岩，坚硬土，开阔、平坦、密实、均匀的中硬土等。

（二）不良地质作用发育情况

不良地质作用泛指由地球外动力地质作用引起的，对工程建设不利的各种地质作用。它们分布于场地内及其附近地段。主要影响场地稳定性，也对地基基础，边坡和地下洞室等具体的岩土工程有不利影响。

不良地质作用强烈发育是指泥石流沟谷、崩塌，滑坡、土洞、塌陷，岸边冲刷、地下水强烈潜蚀等级不稳定的场地，这些不良地质作用直接威胁着工程安全；不良地质作用一般发育指虽有上述不良地质作用，但并不十分强烈，对工程的安全影响不严重。

（三）地质环境破坏程度

地质环境是指人为因素和自然因素引起的地下采空，地面沉降、地裂缝、化学污染、水位、上升等。例如，采掘固体矿产资源引起的地下采空，抽吸地下液体（地下水、石油）引起的地面沉降，地面塌陷和地裂缝，修建水库引起的边岸再造、浸没、土壤盐碱化，排除废液引起岩土的化学污染，等等。地质环境破坏对岩土工程的影响是不容忽视的，往往对场地稳定性构成威胁。地质环境“受到强烈破坏”，是指对工程的安全已构成直接威胁，如浅层采空，地面沉降盆地的边缘地带，横跨地裂缝，因蓄水而沼泽化等；“受到一般破坏”是指已有或将有上述现象，但不强烈，对工程安全的影响不严重。

（四）地形地貌条件

主要指的是地形起伏和地貌单元（尤其是微地貌单元）的变化情况。一般来说，山区和丘陵区场地地形起伏大，工程布局较困难，挖填土石方量较大，土层分布较薄且下伏基岩面高低不平。地貌单元分布较复杂，一个建筑场地可能跨多个地貌单元，因此地形地貌条件复杂或较复杂；平原场地地形平坦，地貌单元均一，土层厚度大且结构简单，因此地形地貌条件简单。

（五）地下水条件

地下水是影响场地稳定性的重要因素。地下水的埋藏条件、类型和地下水位等直接影响工程及其建设。

故综合上述影响因素把场地复杂程度划分为一级、二级、三级 3 个场地等级，划分条件如下。

1. 符合下列条件之一者为一级场地（复杂场地）

（1）对建筑抗震危险的地段。

（2）不良地质作用强烈发育。

（3）地质环境已经或可能受到强烈破坏。

（4）地形地貌复杂。

（5）有影响工程的多层地下水、岩溶裂缝水或其他水文地质条件复杂，需专门研究的场地。

2. 符合下列条件之一为二级场地（中等复杂场地）

（1）对建筑抗震不利的地段。

（2）不良地质作用一般发育。

（3）地质环境已经或可能受到一般破坏。

（4）地形地貌较复杂。

（5）基础位于地下水位以下的场地。

3. 符合下列条件者为三级场地（简单场地）

（1）地震设防烈度等于或小于 6 度，或对建筑抗震有利的地段。

（2）不良地质作用不发育。

（3）地质环境基本未受破坏。

（4）地形地貌简单。

（5）地下水对工程无影响。

三、地基复杂程度等级

根据地基土质条件划分为一级、二级、三级 3 个地基等级。土质条件包括：是否存在极软弱的或非均质的需要采取特别处理措施的地层、极不稳定的地基土或需要进行专门分析和研究的特殊土类，对可借鉴的成功建筑经验是否仍需要进行地基的补充验证工作。划分条件如下。

1. 符合下列条件之一者为一级地基（复杂地基）

（1）岩土种类多，很不均匀，性质变化大，需特殊处理：

（2）严重湿陷、膨胀、盐渍、污染的特殊性岩土，以及其他情况复杂，需作专门处理的岩土。

2. 符合下列条件之一者即为二级地基（中等复杂地基）

（1）岩土种类较多，不均匀，性质变化较大：

（2）除上述规定之外的特殊性岩土。

3. 符合下列条件者为三级地基（简单地基）

（1）岩土种类单一，均匀，性质变化不大：

（2）无特殊性岩土。

4. 岩土工程勘察分级

综合工程重要性等级，场地复杂程度等级和地基复杂程度等级把岩土工程勘察分为甲、乙、丙3个等级。其目的在于针对不同等级的岩土工程勘察项目，划分勘察阶段，制定有效勘察方案，解决主要工程问题。

第三节　岩土工程勘察阶段的划分

岩土工程勘察服务于工程建设的全过程，它的基本任务是为工程的设计、施工、岩土体的整治改造和利用提供地质资料和必要的技术参数，对有关岩土体问题进行分析评价，保证工程建设中不同阶段设计与施工的顺利进行。因此，岩土工程勘察首先应满足工程设计的要求。岩土工程勘察阶段的划分是与工程设计阶段相适应的，大致可以分为可行性研究勘察（或选址勘察），初步勘察、详细（或施工图设计）勘察3个阶段。视工程的实际需要，当工程地质条件（通常指建设场地的地形，地貌、地质构造、地层岩性，不良地质现象和水文地质条件等）复杂或有特殊施工要求的重大工程地基，还需要进行施工勘察。施工勘察并不作为一个固定勘察阶段，它包括施工阶段的勘察和竣工后的一些必要的勘察工作（如检验地基加固效果、当地层现状与勘察报告不符时所做的监测工作或补充勘察等）。

对于场地面积不大、岩土工程条件（包括场地条件、地基条件、工程条件）简单或有建筑经验的地区或单项岩土工程，其勘察可简化为一次性勘察，但勘察工作量布置应满足详细勘察工作要求；对于不良地质作用和地质灾害及特殊性岩土的岩土工程问题，应根据岩土工程的特点和工程性质具体对待；对于专门性工程，如水利水电工程、核电站等工程，应按工程要求，遵循相应的标准或规范进行专门性研究勘察。可行性研究勘察的目的是为了获取几个场地（场址）方案的主要工程地质资料，对拟选场地的稳定性、适宜性做出岩土工程评价，进行技术、经济论证和方案比较，以选取最优的工程建设场地。

要选取最优工程建设场地或场址，首先需要从自然条件和经济条件两方面论证。如场地复杂程度、气候、水文条件供水水源、交通等。

1. 一般情况下，应力争避开如下工程地质条件恶劣的地区和地段

（1）不良地质作用发育（如崩塌、滑坡，泥石流岸边冲刷、地下潜蚀等），且对建筑物场地稳定性构成直接危害或潜在威胁。

（2）地基土性质严重不良。

（3）对建筑抗震危险。

（4）受洪水威胁或地下水的不利影响严重。

（5）地下有未开采的有价值矿藏或未稳定的地下采空区。

此勘察阶段，主要是在搜集分析已有资料的基础上进行现场踏勘，了解拟建场地的工程地质条件。若场地工程地质条件较复杂，已有资料不足以说明问题时，还应进行必要的工程地质测绘和钻探、工程物探等勘探工作。

2. 勘察工作的主要内容

（1）调查区域地质构造、地形地貌与环境工程地质问题，如断裂、岩溶、区城地震及震情等。

（2）调查第四纪地层的分布及地下水埋藏性状、岩石和土的性质，不良地质作用等工程地质条件。

（3）调查地下矿藏及古文物分布范围。

（4）必要时进行工程地质测绘及少量勘探工作。

3. 勘察的主要任务为

（1）分析场地的稳定性和适宜性。

（2）明确选择场地范围和应避开的地段。

（3）进行选址方案对比，确定最优场地方案。

（一）初步勘察阶段

初步勘察的目的是为密切配合工程初步设计的要求，对工程建设场地的稳定性做出进一步的岩土工程评价，为确定建筑总平面布置、选择主要建筑物或构筑物地基基础设计方案和不良地质作用的防治对策提供依据。勘察工作的范围是建设场地内的建筑地段。此阶段的主要勘察技术方法是在分析可行性研究勘察资料等已有资料的基础上，进行工程地质测绘与调查、工程物探、钻探和土工测试（包括室内土工实验和原位测试）。

1. 主要工作内容

（1）根据选址方案范围，按本阶段勘察要求，布置一定的勘探与测试工作量。

（2）查明场地内的地质构造及不良地质作用的具体位置。

（3）探测和评价场地土的地震效应。

（4）查明地下水性质及含水层的渗透性。

（5）搜集当地已有建筑经验及已有勘察资料。

2. 主要工作任务

（1）根据岩土工程条件分区，论证建设场地的适宜性。

（2）根据工程规模及性质，建议总平面布置应注意的事项。

（3）提供地层结构，岩土层物理力学性质指标。

（4）提供地基岩土的承载力及变形量资料。

（5）地下水对工程建设影响的评价。

（6）指出下阶段勘察应注意的问题。

（二）详细勘察阶段

详细勘察是为满足工程施工图设计的要求，对岩土工程设计。岩土体处理与加固及不良地质作用的防治工程进行计算与评价。经过可行性研究勘察和初步勘察以后，建设场地和场地内建筑地段的工程地质条件已查明，详细勘察的工作范围更加集中，主要针对的是具体建筑物地基或其他（如深基坑支护、斜坡开挖岩土体稳定性预测等）具体问题。所以，此勘察阶段所要求的成果资料更详细可靠，而且要求提供更多更具体的计算参数。此勘察阶段的主要工作内容和任务为：

（1）取得附有坐标及地形的工程建筑总布置图，各建筑物的地面整平标高，建筑物的性质、规模、结构特点、可能采取的基础形式，尺寸，预计埋置深度，对地基基础设计的特殊要求等。

（2）查明不良地质作用的成因、类型、分布范围、发展趋势及危害程度，并提出评价与整治所需的岩土技术参数和整治方案建议。

（3. 查明建筑范围内各层岩土的类别、结构、厚度、坡度、工程特性，计算和评价地基的稳定性和承载力。

（4）对需进行沉降计算的建筑物，提供地基变形计算参数。预测建筑物的沉降、差异沉降或整体倾斜。

（5）对抗震设防烈度大于或等于6度的场地，应划分场地土类型和场地类别；对抗震设防烈度大于或等于7度的场地，尚应分析预测地震效应，判定饱和砂土或饱和粉土的地震液化势，并应计算液化指数。

（6）查明地下水的埋栽条件。当进行基坑降水设计时尚应查明水位变化幅度与规律，提供地层的渗透性参数。

（7）判定水和土对建筑材料及金属的腐蚀性。

（8）判定地基土及地下水在建筑物施工和使用期间可能产生的变化及其对工程的影响，提出防治措施及建议。

（9）对深基坑开挖尚应提供稳定计算和支护设计所需的岩土技术参数，论证和评价基坑开挖、降水等对邻近工程的影响。

（10）提供桩基设计所需的岩土技术参数，并确定单桩承载力；提出桩的类型、长度和施工方法等建议。

为了完成以上勘察任务，钻探、坑深、神探、工程物探等勘探方法，静力触探，标准贯入试验、载荷试验，波速测试等原位测试方法和室内土工试验、现场检验和监测等岩土工程勘察技术方法在此阶段均能发挥其必需的重要作用。此外，地理信息系统（GIS），全球卫星定位系统（GPS）和地球物理层析成像技术（CT）等新技术已得到广泛应用，尤其是在甲级、乙级岩土工程勘察项目中已取得了满意的应用成果资料。

第四节　岩土工程勘察纲要

岩土工程勘察纲要是根据勘察任务的要求和勘探调查结果，按规程规范的技术标准，提出的勘察工作大纲和技术指导书。勘察纲要是否全面、合理，会直接影响到岩土工程勘察的进度、质量和后续工作能否顺利进行。

岩土工程勘察纲要一般包括以下主要内容：

（1）勘察委托书及合同、工程名称、勘察阶段，工程性能（安全等级、结构及基础形式、建筑物层数与高度、荷载、沉降敏感性）、整平设计标高等。

（2）勘察场地的自然条件，地理位置及岩土工程地质条件（包括收集的地震资料、水文气象资料和当地的建筑经验。

表 2-3　勘察技术要点

场地条件	技术要点
自然条件	气象、人文；地形（山地，斜坡，平坦场地）；地貌单元与类型，地震烈度；不良地质作用
地质条件	已有工程勘察资料情况（研究程度）；地基土构成复杂程度。岩土成因类型和成因时代与地下水条件
场地复杂程度	明确场地条件的复杂程度（分复杂、中等和简单）
建筑经验	地基类型（天然地基、人工地基），基础尺寸、沉降观测资料，地基评价，岩土工程治理经验、岩土工程事故教训与实录

（3）指明场地存在的问题和勘察工作的重点。

（4）拟采用的勘察方法、勘察内容，确定并布置勘察工作量。包括勘探点和原位测试的位置、数量、取样深度和质量等。要求勘察方法适宜，工作量适当。钻探、坑深、洞探、工程物探和原位测试工作量以相适应的规范规定为参照。

（5）所遵循的技术标准。

（6）拟提交的勘察成果资料的内容，包括报告书文字章节和主要图表名称。

（7）勘察工作计划进度人员组织和经费预算等。

表 2-4 室内土工试验项目

试验类型	一般物理性质试验	力学性质试验	特殊性质试验
常规试验	土的比重 G，天然含水量 ω，天然重度 γ，干重度 γ1 浮重度 γ，孔隙比 e，孔隙度 n，饱和度 sγ 天然密度 ρ 界限含水量（脚、概），相对密度 Dγ	固结试验和压缩试验强度试验（含抗剪强度和无侧限抗压强度等）渗透试验	湿陷性试验胀缩性试验有机质含量测试易溶盐含量测试
专门试验	颗粒分析试验 相对密度试验	高压固结试验固结试验静止侧压力系数试验击实试验承载比试验流变试验	熔焰试验毛细管上升高度试验冻土试验

表 2-5 土的压缩一固结试验方法与要求

试验方法	一般固结试验和压缩试验	高压固结试验
施加压力	一般土和软土；大于土自重压力与附加压力之和老沉积土：大于先期固结压力与附加压力之和	不小于 3 200kPa
压编曲线	提供 e-P 压缩曲线或分层综合 e-P 压缩曲线	提供 e-lgP 曲线（含回弹再压缩曲线）
指标	压缩系数标准值 a1-2 压缩模量标准值 Es1-2 压缩系数计算值 av 压缩模量计算值 Es	先期固结压力 Pc 压缩指数 cc 回弹指数 Cs 超固结比 OCR
饱和土	固结系数 Cv 应变 - 时间曲线	固结系数 Cv 应变 - 时间曲线
变形稳定标准	每小时变形不超过 0.01mm	每小时变形不超过 0.005mm 或每级压力下固结 24h

岩土工程勘察纲要的编写，对现行规范中规定的工程重要性等级为一级和场地地质条件复杂或有特殊要求的工程、重要性等级为二级或一般建筑，均可按以上内容要求详细编写；对其余的岩土工程勘察纲要可适当简化或采用表格形式。

表 2-6 土的抗剪强度试验方法与要求

试验方法或内容剪切类型		三轴压缩试验		
		对甲级建筑物	对乙级建筑物	对滑坡体
加荷速率较快	饱和软土	不固结不排水（UU）	快剪	快剪（残余剪）
	验算边坡稳定	不固结不排水（UU）	快剪	抗剪强度曲线
	正常固结土（中。低压缩性）	固结不排水（CU）（测孔隙水压力）	固结快剪	反演计算结果和残余抗剪强度指标
加荷速度较慢		固结排水（CD）	固结慢剪	
承载力验算		不固结不排水（UU）	快剪	
剪切曲线		提供摩尔圆曲线 应力 - 应变曲线	抗剪强度曲线	
指标值		抗剪强度指标（C.p）基本值和分层的标准值	抗剪强度指标基本值和分层的标准值	

表 2-7　岩石试验项目

试验类型	一般物理性质试验	力学性质试验	特殊项目试验
常规试验	含水量（率） 比重 密度	单轴抗压强度试验（饱和、干燥）点荷载试验直剪试验（结构面、岩石抗剪断面、岩石与混凝土胶结面）	岩相鉴定 膨胀试验 崩解试验
专门试验	波速测试吸水率和饱和吸水率试验渗透试验	变形参数试验 抗拉试验 三轴压缩试验 点荷载试验	

表 2-8　水文地质参数测试方法

参数	测定方法
水位	钻孔、探井或测压管观测
渗透系数，导水系数	抽水试验、注水试验、压水试验、室内渗透试验
给水度，释水系数	单孔抽水试验、非稳定流抽水试验、地下水位长期观测、室内试验
越流系数、越流因数	多孔抽水试验（稳定流或非稳定流）
单位吸水率	注水试验。压水试验
毛细水上升高度	试坑试验、室内试验

注：除水位外，当对数据精度要求不高时，可采用经验值。

第五节　岩土工程勘察的主要类别及要求

一、房屋建筑与构筑物岩土工程勘察

房屋建筑和构筑物岩土工程勘察包括低层与多层建筑和高层与超高层建筑的岩土工程勘察。按我国和国际标准，低层与多层分别指 1~3 层和 3~9 层或高度不超过 24m 的工业与民用建筑；高层指 10~30 层或高度为 24~100m 的建筑，超高层指 40 层以上或高度大于等于 100m 的建筑。无论是低层、多层、高层还是超高层，其岩土工程勘察均应该是在了解建筑荷载、结构类型、变形要求的基础上依实际勘察级别，分阶段或一次性进行。其主要工作内容有：

（1）查明场地与地基的稳定性、地层结构、持力层和下卧层的工程特性、土的应力历史和地下水条件及不良地质作用等。

（2）提供满足设计、施工所需的岩土技术参数，确定地基承载力，预测地基变形性状。

（3）提出地基基础、基坑支护、工程降水和地基处理设计与施工方案的建议。

（4）提出对建筑物有影响的不良地质作用的防治方案建议。

（5）对于抗震设防烈度等于或大于6度的场地，进行场地与地基的地震效应评价。

1. 可行性研究勘察

可行性研究勘察阶段，应对拟建场地的稳定性和适宜性做出评价，勘察应符合以下要求：

（1）搜集区城地质、地形地貌、地震、矿产、当地的工程地质岩土工程和建筑经验等资料。

（2）在充分搜集和分析以有资料的基础上，通过踏勘了解场地的地层、构造、岩性、不良地质作用和地下水等工程地质条件。

（3）当拟建场地工程地质条件复杂，已有资料不能满足要求时，应根据具体情况进行工程地质测绘和调查及必要的勘探工作。

（4）当有两个或两个以上拟选场地时，应进行比选分析。

2. 初步勘察

（1）初步勘察阶段应对场地内拟建建筑地段的稳定性做出评价，并进行以下主要工作。

1）搜集拟建工程的有关文件、工程地质和岩土工程资料以及工程场地范围的地形图。

2）初步查明地质构造、地层结构、岩土工程特性、地下水埋藏条件。

3）查明场地不良地质作用的成因、分布、规模、发展趋势，并对场地的稳定性做出评价。

4）对抗震设防烈度等于或大于6度的场地，应对场地和地基的地震效应做出初步评价。

5）季节性冻土地区，应调查场地土的标准冻结深度。

6）初步判定水和土对建筑材料的腐蚀性。

7）高层建筑初步勘察时，应对可能采取的地基基础类型、基坑开挖与支护、工程降水方案进行初步分析评价。

（2）该勘察阶段的勘探工作应符合下列要求：

1）勘探线应垂直地貌单元、地质构造和地层界线布置。

2）每个地面单元均应布置勘探点，在地貌单元交接部位和地层变化较大的地段，勘探点应予加密。

3）在地形平坦地区，可按网格布置勘探点。

4）对岩质地基，勘探线和勘探点的布置及勘探孔的深度应根据地质构造、岩体特性、风化情况等，按地方标准或当地经验确定；对土质地基，勘探线、勘探点间距。

及勘探孔深度分别按表 2-9 初步勘察勘探线，勘探点间距

表 2-9　初步勘察勘探线，勘探点间距

地基复杂程度等级	勘探线问题（m）	勘探点间距（m）
一级（复杂）	50~100	30~50
二级（中等复杂）	75-150	40~100
三级（简单）	150~300	75~200

表 2-10　初步勘察勘探孔隙孔深度

工程重要性等级	一般性勘探孔（m）	控制性勘探孔（m）
一级（重要工程）	≥ 15	≥ 30
二级（一般工程）	10~15	15~30
三级（次要工程）	6~10	10~20

（3）当遇到如下情形之一时，应适当增减勘探孔深度：

1）当勘探孔的地面标高与预计整平地面标高相差较大时，应按其差值调整勘探孔深度。

2）在预定深度内遇基岩时，除控制性勘探孔仍应钻入基岩适当深度外，其他勘探孔达到确认的基岩后即可终止钻进。

3）在预定深度内有厚度较大，且分布均匀的坚实土层（如碎石土、密实砂、老沉积土等）时，除控制性勘探孔应达到规定深度外，一般性勘探孔的深度可适当减小。

4）当有软弱土层时，勘探孔深度应适当增加，部分控制性勘探孔应穿透软弱土层或达到预计控制深度。

5）对重要工业建筑应根据结构特点和荷载条件适当增加勘探孔深度。

（4）初步勘察采取土试样和进行原位测试应符合下列要求：

1）采取土试样和进行原位测试的勘探点应结合地貌单元、地层结构和土的工程性质布置，其数量可占勘探点总数的 1/4~1/2。

2）采取土试样的数量和孔内原位测试的竖向间距、应按地层特点和土的均匀程度确定；每层土均应采取土试样或进行原位测试，其数量不少于 6 个。

（5）初步勘察应进行的水文地质工作有以下内容：

1）调查含水层的埋藏条件、地下水类型、补给排泄条件各层地下水位，调查其变化幅度，必要时设置长期观测孔、检测水位变化。

2）当绘制地下水等水位线图时，应根据地下水的埋藏条件和层位，统一测量地下水位。

3）当地下水可能浸湿基础时，应采取水试样进行腐蚀性评价。

3. 详细勘察

详细勘察阶段应按单体建筑物和建筑群提出详细的岩土工程资料和设计、施工所需的岩土参数；对建筑地基做出岩土工程评价，并对地基类型、基础形式、地基处理、

基坑支护、工程降水和不良地质作用的防治等提出建议。

（1）应进行的主要工作如下：

1）搜集附有坐标和地形的建筑总平面图，场区的地面整平标高，建筑物的性质、规模、荷载、结构特点，基础形式、埋置深度，地基允许变形等资料；

2）查明不良地质作用的类型、成因、分布范围、发展趋势和危害程度，提出整治方案的建议。

3）查明建筑范图内岩土层的类型，深度、分布、工程特性，分析和评价地基的稳定性、均匀性和承载力。

4）对需进行沉降计算的建筑物，提供地基变形计算参数，预测建筑物的变形特征。

5）查明埋藏的河道、沟滨、墓穴、防空洞、孤石等对工程不利的埋藏物。

6）查明地下水的埋藏条件，提供地下水位及其变化幅度。

7）在季节性冻土地区，提供场地土的标准冻结深度。

8）判定水和土对建筑材料的腐蚀性。

（2）勘探工作量布置。

详细勘察勘探点布置和勘探孔深度，应根据建筑物特性和岩土工程条件确定。对岩质地基，应根据地质构造、岩体特性、风化情况等，结合建筑物对地基的要求，按地方标准或当地经验确定；对土质地基，按表确定勘探点的间距。

表 2-11　详细勘察勘探点的间距

地基复杂程度等级	勘探点间距（m）
一级（复杂）	10~15
二级（中等复杂）	15~30
三级（简单）	30~50

1）勘探点布置应满足下列要求：

其一，勘探点宜按建筑物周边线和角点布置，对无特殊要求的其他建筑物可按建筑物和建筑群的范围布置。

其二，同一建筑范围内的主要受力层和有影响的下卧层起伏较大时，应加密勘探点，查明其变化。

其三，重大设备基础应单独布置勘探点；重大的动力机器基础和高耸构筑物，勘探点不宜少于 3 个。

其四，勘探手段宜采用钻探与触探相结合，在复杂地质条件、湿陷性土、膨胀岩土、风化岩和残积土地区，宜布置适量探井。

其五，单栋高层建筑勘探点的布置，应满足对地基均匀性评价的要求，且不应少于 4 个；对密集的高层建筑群，勘探点可适当减少，但每栋建筑物至少应有 1 个控制性勘探点。

2）详细勘察勘探孔的深度自基础底面算起确定，应符合下列要求：

其一，勘探孔深度应能控制地基主要受力层，当基础底面宽度不大于5m时，勘探孔的深度对条形基础不应小于基础底面宽度的3倍，对单独柱基不应小于1.5倍，且不应小于5m基础底面。

其二，对高层建筑和需做变形计算的地基、控制性勘探孔的深度应超过地基变形计算深度：高层建筑的一般性勘探孔应达到基底下0.5~1.0倍的基础宽度，并深入稳定分布的地层。

其三，对仅有地下室的建筑或高层建筑的群房，当不能满足抗浮设计要求，需设置抗浮桩或锚杆时，勘探孔深度应满足抗浮承载力评价的要求。

其四，当有大面积地面堆载或软弱下卧层时，应适当加深控制性勘探孔的深度。其五，在上述规定深度内，当遇到基岩或厚层碎石土等稳定地层时，勘探孔深度应根据情况进行调整。

3）勘探孔深度在满足以上要求的同时，尚应符合下列规定：

其一，地基变形计算深度，对中、低压缩性土可取附加压力等于上覆土层有效自重压力20%的深度；对于高压缩性土层可取附加压力等于上覆土层有效自重压力10%的深度。

其二，建筑总平面内的裙房或仅有地下室部分（或当基底附加压力$p \leqslant 0$时）的控制性勘探孔的深度可适当减小，但应深入稳定分布地层，且根据土质条件不宜少于基底下0.5~1.0倍基础宽度。

其三，当需进行地基整体稳定性验算时，控制性勘探孔深度应根据具体条件满足验算要求。

其四，当需确定场地抗震类别而邻近无可靠的覆盖层厚度资料时，应布置波速测试孔，其深度应满足确定覆盖层厚度的要求。

其五，大型设备基础勘探孔深度不宜小于基础底面积宽度的2倍。

其六，当需进行地基处理时，勘探孔的深度应满足地基处理设计与施工要求；当采用桩基时，勘探孔的深度应满足桩基础方面的要求。

（3）详细勘察采取土试样和进行原位测试应符合下列要求：

1）采取土试样和进行原位测试的勘探点数量，应根据地层结构，地基土均匀性和工程特点确定，且不应少于勘探孔总数的1/2，钻探取土试样孔的数量不应少于勘探孔总数的1/3。

2）每个场地每一主要土层的原状土试样和原位测试数据不应少于6件（组），当采用连续记录的静力触探或动力触探为主要勘察手段时，每个场地不应少于3个孔。

3）在地基主要受力层内，对厚度大于0.5m的夹层或透镜体，应采取土试样或进行原位测试。

4）当土层性质不均匀时，应增加取土数量或原位测试工作量。

当基坑或基槽开挖后，岩土条件与勘察资料不符或发现有必须查明的异常情况时，应进行施工勘察。在工程施工或使用期间，当地基土、边坡体、地下水等发生未曾估计到的变化时，应进行监测，并对工程和环境的影响进行分析评价。

二、地下洞室岩土工程勘察

地下洞室是基于某种目的而建造在地面以下的工程建筑。主要包括如下几个方面。

1）铁路、公路隧道。海底隧道，过江（河）隧道，地铁、地下通道等交通隧道。

2）输水洞、泄洪洞等水工涵洞。

3）煤矿巷道、各种金属和非金属矿巷道。

4）地下仓库、地下停车场、地下商场和旅馆等地下公共建筑。

5）飞机库、武器库、人防工程等地下军事工程建筑。

6）地下工厂。

随着人类工程建设和科技水平的进步，工程建筑向地下发展是一一种趋势。但是，地下洞室工程在具有不占用地表面积，不受外界气候影响、无噪声、隐蔽性好等优点的同时，也存在围岩影响建筑物稳定性、施工环境差、投资大、施工安全性差等问题。地下洞室围岩的质量分级应与洞室设计采用的标准一致，无特殊要求时，可根据现行国家标准《工程岩体分级标准》（GB50218）执行，地下铁道围岩应按现行国家标准《地下铁道、轻轨交通岩土工程勘察规范》（GB50307）执行。

以下主要以人工开挖的无压地下洞室岩土工程勘察为主。

1. 各勘察阶段的目的、内容和要求

地下洞室涉及土体洞室和岩体洞室，所以对于土体洞室和岩体洞室的岩土工程勘察均宜按表进行。

表 2-12　各勘察阶段的目的、内容和要求

勘察阶段	范围	目的	内容与要求
可行性研究勘察	包括若干个初步比选的场地	根据工程的用途、性质、规模及国家的规划部署，为方案比选提供资料	通过搜集区域地质资料，现场勘探和调查，了解拟选方案的地形地貌、地层岩性、地质构造、工程地质、水文地质和环境条件。做出可行性评价、选择合适的地址和湖口
初步勘察	已选定场地及其周边	查明选定方案的地质条件和环境条件，初步确定岩体质量等级（围岩类别）、对洞址和湖口的稳定性做出评价，为初步设计提供依据	一般以工程地质测绘和调查为主，必要时辅以少量的勘探与试验。应主要查明下列问题：地貌形态和成因类型；地层岩性、产状、厚度、风化程度，断裂和主要裂隙的性质、产状，充填，胶结，贯通及组合关系；国不良地质作用的类型、规模和分布；地震地质背景；地应力的最大主应力作用方向：地下水类型、埋藏条件、排漫和动态变化；地表水体的分布及其与地下水的关系；穿越地面建筑。地下构筑物、管道等既有工程的相互影响
详细勘察	选定的利址及洞室	详细查明工程地质和水文地质条件，分段划分岩体质量等级。评价洞室的稳定性，为设计支护结构和确定施工方案提供资料	应采用钻探、钻孔物探和测试为主的勘察方法。主要进行以下工作；查明地层岩性及其分布，划分岩组和风化程度。进行岩石物理力学性质试验；查明断裂构造和破碎带的位置、规模、产状和力学属性、划分岩体结构类型；查明不良地质作用的类型、性质、分布，并提出防治措筑的建议；查明主要含水层的分布、厚度、埋深，地下水的类型，水位，预测开挖期间出水状态、涌水量和水质的腐蚀性；城市地下洞室需降水施工时，应分段揭出工程降水方案和有关参数；查明洞室所在位置及邻近地段的地面建筑和地下构筑物、管线状况，预测洞室开挖可能产生的影响，提出防护措施
施工勘察	制室内及与其有关的地段	为在施工中验证和补充前阶段资料，预测和解决施工中新揭露的岩土工程问题。为调整围岩类别，修改设计和施工方法提供依据	应配合道洞或毛洞开挖进行。主要进行下列工作：施工地质编录和地质图件检制。参加施工、监测系统设计，监控分析和数值分析；进行超前地质预报、探明坑道前方的地层、构造，水量、水压以及有无地热、岩爆等问题；测定围岩的地应力、弹性波速度及岩石物理力学性质、修正围岩类别；进行围岩稳定性分析，测定开挖后围岩变形、松弛范围及随时间空化速度；测定支护系统的应力应变，对支护参数及施工方案及时提供修改建议

2. 初步勘察时，勘探与测试工作应满足下列要求

（1）采用浅层地震剖面法或其他有效方法圈定隐伏断裂、构造破碎带，查明基岩埋深，划分风化带。

（2）勘探点宜沿洞室外侧交叉布置，勘探点间距宜为100~200m，采取试样和原位测试勘探孔不宜少于勘探孔总数的2/3；控制性勘探孔深度，对岩体基本质量等级为Ⅰ级和Ⅱ级的岩体宜钻入洞底设计标高下1~3m，对Ⅰ级岩体宜钻入3~5m，对IN级、V级的岩体和土层，勘探孔深度应根据实际情况确定。

（3）每一主要岩层和土层均应采取试样，当有地下水时应采取水试样；当洞区存在有害气体和地温异常时，应进行有害气体成分、含量或地温测定；对高地应力地区，应进行地应力测量。

（4）必要时可进行钻孔弹性波或声波测试，钻孔CT或钻孔电磁波CT测试。

（5）室内岩石试验和土工试验项目，应按相应规定执行。

3. 详细勘察时，勘探和测试工作应满足下列要求：

（1）可采用浅层地震勘探和孔间地震CT或孔间电磁波CT测试等方法，详细查明基岩埋深岩石风化程度，隐伏体（溶洞、破碎带等）的位置、在钻孔中进行弹性波波速测试，为确定岩、体质量等级、评价岩体完整性、计算动力参数提供资料。

（2）勘探点宜在洞室中线外侧6~8m交叉布置，山区地下洞室按地质构造布置，且勘探点间距不应大于50m；城市地下洞室的勘探点间距，岩体变化复杂的场地宜小于25m，中等复杂的宜为25~40m，简单的宜为40~80m。

（3）采集试样和原位测试勘探孔数量不应少于勘探孔总数的1/2。

（4）第四系中的控制性勘探孔深度应根据工程地质、水文地质条件、洞室埋深、防护设计等需要确定，一般性勘探孔可钻至基底设计标高下6~10m，控制性勘探孔深度，可按初步勘察要求进行。

在地下洞室岩土工程勘察中，凭工程地质测绘、工程物探和少量的钻探工作，其精度是难以满足施工要求的，尚需依靠施工勘察和超前地质预报加以补充和修正。因此。施工勘察和地质超前预报关系到地下洞室掘进速度和施工安全，可以起到指导设计和施工的作用。超前地质预报主要包括下列内容：1）断裂、破碎带和风化囊的预报；2）不稳定块体的预报；3）地下水活动情况的预报；4）地应力状况的预报。超前预报的方法，主要有超前导坑预报法、超前钻孔测试法、掌子面位移量测法等。岸边工程的岩土工程勘察岸边工程包括港口工程、造船和修船水工建筑物以及取水构筑物工程，主要有码头、船台、船坞、护岸、防波堤等在江、河、湖、海的水陆交界处或近岸浅水中兴建的水工建筑及构筑工程。

3. 岸边工程的特点

（1）建筑场地工程地质条件复杂。地形坡度大，位于水陆交变地带；地貌上跨越两个或两个以上地貌单元；地层复杂、多变，常分布高灵敏性软土、混合土、层状构造土及风化岩；由于受地表水的冲淤作用和地下水动压力影响，岸坡坍塌、滑坡、冲淤、侵蚀管道等不良地质作用发育。

（2）作用于水工建筑物及其基础上的外力频繁、强烈且多变。

（3）施工条件复杂。一般采用水下施工，会受到风浪、潮汐、水流等水动力作用。

因此，岸边工程的岩土工程勘察，宜分为可行性研究勘察、初步设计勘察和施工图设计勘察三个阶段进行。对于小型工程、场地已经确定的单项工程、场地岩土工程条件简单或已有资料充分的地区，可简化勘察阶段或一次性施工图设计勘察；对于岩土工程条件复杂的重要建筑物地基和遇有地质条件与勘察资料不符而影响施工，以及地基中存在岩溶、土洞等需地基处理，或需改变地基基础形式等问题时、除按阶段勘察外，还应配合设计和施工，进行施工勘察。岸边工程勘察应着重查明下列内容：

（1）地貌特征和地貌单元交界处的复杂地层。

（2）高灵敏度软土、混合土等特殊性土和基本质量等级为V级岩体的分布和工程特性。

（3）岸边滑坡、崩塌、冲刷、淤积、潜蚀、沙丘等不良地质作用。

4. 可行性研究勘察

可行性研究勘察阶段应以搜集资料、工程地质测绘或踏勘调查为主，内容包括地层分布、构造特点、地貌特征、岸坡形态、冲刷淤积、水位升降、岸滩变迁、淹没范围等情况和发展趋势。必要时进行适量勘探工作，并应对岸坡稳定性和适宜性做出评价，提出最优场址方案的建议。

勘察主要内容有：

（1）地貌类型及其分布、港湾或河段类型、岸坡形态和冲淤变化。

（2）地层成因、时代、岩土性质与分布。

（3）对场地稳定有影响的地质构造和地震活动情况。

（4）不良地质作用和地下水情况。

（5）岸坡的整体稳定性，尤其是水的运动（潮汐、涌浪、地下水等）对岸坡的影响。

5. 初步设计勘察

初步设计勘察应满足合理确定总平面布置、结构形式。基础类型和施工方法的需要，对不良地质作用的防治提出方案和建议。宜以工程地质测绘（1 ∶ 2000~1 ∶ 5000）与调查、钻探、原位测试和室内岩土试验为主要勘察方法。初步勘探应符合下列规定：

（1）工程地质测绘，应调查岸线变迁和动力地质作用对岸线变迁的影响；埋藏河、湖、沟谷的分布及其对工程的影响；潜蚀、沙丘等不良地质作用的成因、分布、发展趋势及其对场地稳定性的影响。

（2）勘探线宜垂直岸向布置；勘探线和勘探点的间距，应根据工程要求、地貌特征、岩土分布、不良地质作用等确定；岸坡地段和岩石与土层组合地段宜适当加密。

（3）勘探孔的深度应根据工程规模、设计要求和岩土条件确定。

（4）水域地段可采用浅层地震剖面或其他物探方法。

（5）对场地的稳定性应做出进一步评价，对总平面布置、结构和基础形式、施工方法和不良地质作用的防治提出建议。

6. 施工图设计勘察

施工图设计勘察应详细查明各个建筑物、构筑物影响范围内的岩土分布和物理力学性质，影响岸坡和地基稳定性的不良地质条件，为岸坡、地基稳定性验算，地基基础设计、岸坡设计、地基处理与不良地质作用治理提供详细的岩土工程资料。勘探线和勘探点应结合地貌特征和地质条件，根据工程总平面布置确定，复杂地基地段应予加密。勘探孔深度应根据工程规模、设计要求和岩土条件确定，除建筑物和结构物特点外，应考虑岸坡稳定性、坡体开挖、支护结构、桩基等的分析计算需要。此阶段采用的勘察方法主要是钻探、原位测试和室内岩土物理力学试验，渗透试验。

7. 基坑工程的岩土工程勘察

为了进行多层、高层和超高层建筑物（构筑物）基础或地下室的施工，必须在地面以下开挖基坑。当基坑开挖深度超过自然稳定的临界深度时，为保证基础或地下室安全施工及基坑周边环境（指基坑开挖影响范围内既有建筑物和构筑物、道路、地下设施、管线、岩土体、地下水体等）的安全必须对基坑开挖侧壁及周边环境采用支挡或加固措施。对于高层、超高层深度超过 7m 的深基坑开挖与支护工程面临的勘察任务尤为艰巨。基坑可分为土质基坑和岩质基坑，在绝大多数情况下涉及的是土质基坑，所以我们以土质基坑为重点。对岩质基坑，应根据场地的地质构造、岩体特征、风化情况、基坑开挖深度等按当地标准或当地经验进行勘察。

基坑工程勘察宜满足如下要求：

（1）需进行基坑设计的工程，勘察时应包括基坑工程勘察的内容。在初步勘察阶段，应根据岩土工程条件，初步判定可能发生的问题和需要采取的支护措施。在详细勘察阶段，应针对基坑工程设计的要求进行勘察；在施工阶段，必要时尚应进行补充勘察。

（2）基坑工程勘察范围和深度应根据场地条件和设计要求确定。勘察平面范围宜超出开挖边界外开挖深度的 2~3 倍。在深厚软土区，勘察范围尚应适当扩大。勘探深度应满足基坑支护结构设计的要求，宜为开挖深度的 2~3 倍。若在此深度内遇到坚硬黏性土、碎石土和岩层，可根据岩土类别和支护设计要求减小深度。勘探点间距应视地层复杂程度而定，可在 15~30m 内选择，地层变化较大时，应增加勘探点，查明地层分布规律。

（3）根据地层结构及岩土性质，评价施工造成的应力、应变条件和地下水条件的改变对土体的影响。

（4）当场地水文地质条件复杂，在基坑开挖过程中需要对地下水进行控制时，应进行专门的水文地质勘察。

（5）当基坑开挖可能产生流沙、流土、管涌等渗透性破坏时，应进行针对性勘察，分析评价其产生的可能性及对工程的影响。当基坑开挖过程中有渗流时，地下水的渗流作用宜通过渗流计算确定。

（6）应进行基坑环境状况的调查，查明邻近建筑物和地下设施的现状、结构特点以及对施工振动、开挖变形的承受能力。在城市地下管网密集分布区，可通过地理信息系统或其他档案资料了解管线的类别、平面位置、埋深和规模，必要时采用有效方法进行地下管线探测。

（7）在特殊性岩土分布区进行基坑工程勘察时，可根据特殊性岩土的相关规定进行勘察，对软土的蠕变和长期强度，软岩和极软岩的失水崩解，膨胀土的膨胀性和裂缝性以及非饱和土增湿软化等对基坑的影响进行分析评价。

（8）在取得勘察资料的基础上。根据设计要求，针对基坑特点，应提出解决下列问题的建议。

1）分析场地的地层结构和岩土的物理力学性质，提出对计算参数取值及支护方式的建议；

2）提出地下水的控制方法及计算参数的建议。

3）提出施工过程中应进行的具体现场监测项目建议。

4）提出基坑开挖过程中应注意的问题及其防治措施的建议。

（9）基坑工程勘察应针对以下内容进行分析，提供有关计算参数和建议：

1）边坡的局部稳定性、整体稳定性和坑底抗隆起稳定性。

2）坑底和侧壁的渗透稳定性。

3）挡土结构和边坡可能发生的变形。

4）降水效果和降水对环境的影响。

5）开挖和降水对邻近建筑物和地下设施的影响。

工程测试参数包括：含水量，重度，固结快剪强度峰值指标（c、p），三轴不排水强度峰：值指标（cu，Ru），渗透系数（K），测试水平与垂直变形计算所需的参数。抗剪强度参数是基坑支护设计中最重要的参数，由于不同的试验方法（有效应力法或总应力法，直剪或三轴，UU 或 CU）可能得出不同的结果。所以，在勘探时，应按照设计所依据的规范、标准的要求进行试验，提供数据。

8. 边坡工程的岩土工程勘察

在市政建设和铁路、公路修建中经常会遇到人工边坡或自然边坡，而边坡的稳定性则直接影响着市政工程和铁路、公路运行。故边坡岩土工程勘察的目的就是查明边坡地区的地貌形态、影响边坡的岩土工程条件，评价其稳定性。

9. 边坡岩土工程勘察的主要内容

（1）查明边坡地区地貌形态及其演变过程、发育阶段和微地貌特征。查明滑坡、危岩、崩塌、泥石流等不良地质作用及其范围和性质。

（2）查明岩土类型、成因、工程特性和软弱层的分布界线、覆盖层厚度、基岩面的形态和坡度。

（3）查明岩体主要结构面的类型、产状、延展情况、闭合程度、充填状况、充水状况、力学属性和组合关系，主要结构面与临空面关系，是否存在外倾结构面。

（4）查明地下水的类型、水位、水压、水量、补给和动态变化、岩土的透水性及地下水的出露情况。

（5）查明地区气象条件（特别是雨期、暴雨强度）、汇水面积、坡面植被、地表水对坡面、坡脚的冲刷情况。

（6）确定岩土的物理力学性质和软弱结构面的抗剪强度，提出斜坡稳定性计算参数，确定人工边坡的最优开挖坡形及坡角。

（7）采用工程地质类比法，图解分析法和极限平衡法评价边坡稳定性，对不稳定边坡提出整治措施和监测方案。

表 2-13　不同规范、规程对土压力计算的规定

规范、规程、标准	计算方法	计算参数	土压力调整
原建设那行业标	采用朗肯理论砂土、粉土水土分算，黏性土有经验时水土合算	直剪园结快剪峰值 cψ 或三轴 cCU、ψCU	主动侧开挖面以下土自重压力不变
原冶全部行标	采用朗肯理论或库伦理论。按水土分算原则计算。有经验时财黏性土也可以水土合算	分算时采用有效应力指标 c'、ψ' 或用 cCU、ψCU 代替，合算时采用 cCU、ψCU 乘以 0.7 的强度折减系数	有邻近建筑物基础时：K=（K0+Ka）/2。被动区不能充分发挥时，Kmp=（0.3-0.5）Kp
湖北省规定	采用朗肯理论黏性土，粉土水土合算、企土水土分算，有经验时也可本土合算	分算时采用有效应力指标 c'、ψ'，合算时采用总应力指标 c、ψ 提供有强度指标的经验值	一般不做调整
深圳规范	采用朗肯理论水位以上水土合算：水位以下黏性土水土合算，粉土、砂土、碎石土水土分算	分算时采用有效应力指标 c'、ψ'，合算时采用总应力指标 c、ψ	无规定

续表

规范、规程、标准	计算方法	计算参数	土压力调整
上海规程	采用朗肯理论以水土分算为主。	水土分算采用cCU、ψCU水土合算采用经验主动土压力系数K。	对有支撑的结构开挖面以下土压力为矩形分布。提出用动土压力概念，提高的主动土压力系数介于K0~（K0+Ka）/2之间，降低的被动土压力系数介于（0.5~0.9）Kp之间
广州规定	采用朗肯理论以水土分算为主，有经验时对黏性土、泄泥可水土合算	采用cCU、ψCU有经验时可采用其他参数	开挖面以下采用矩形分布模型

10. 各阶段勘察要求

大型边坡岩土工程宜分阶段进行，各阶段勘察应符合如下要求：

（1）初步勘察应搜集地质资料，进行工程地质测绘和调查，少量的勘探和室内试验。初步评价边坡的稳定性。

（2）详细勘察应对可能失稳的边坡及相邻地段进行工程地质测绘、勘探、试验、观测和分析计算，做出稳定性评价，对人工边坡提出最优开挖坡角；对可能失稳的边坡提出防护处理措施的建议。

（3）施工勘察应配合施工开挖进行地质编录、核对。补充前阶段的勘察资料，必要时，进行施工安全预报，提出修改设计的建议。

11. 其他

边坡岩土勘察方法以工程地质测绘和调查、钻探、室内岩土试验，原位测试和必要的工程物探为主。其中工程地质测绘、岩土测试及勘探线布置宜参照以下要求进行。

（1）工程地质测绘应查明边坡的形态及坡角，软弱层和结构面的产状、性质等。测绘范围应包括可能对边坡稳定有影响的所有地段。

（2）勘探线应垂直边坡走向布置，勘探点间距不宜大于50m，当遇有软弱夹层或不利结构面时，勘探点可适当加密。勘探点深度应穿过潜在滑动而并深入稳定层内2~3m，坡角处应达到地形剖面的最低点。探洞宜垂直于边坡，当重要地质界线处有薄覆盖层时，宜布置探槽。

（3）主要岩土层及软弱层应采取试样。每层的试样对土层不应少于6件，对岩层不应少于9件，软弱层可连续取样。

（4）抗剪强度试体的剪切方向应与边坡的变形方向一致，三轴剪切试验的最高围压及直剪试验的最大法向压力的选择，应与试样在坡体中的实际受荷情况相近。对控制边坡稳定的软弱结构面，宜进行原位剪切试验。对大型边坡，必要时可进行岩体应力测试、波速测试、动力测试、模型试验。抗剪强度指标，应根据实测结果结合当地经验确定，并宜采用反分析方法验证。对永久型边坡，尚应考虑强度可能随时间降低的效应。水文地质试验包括地下水流速、流向、流量和岩土的渗透性试验等。

（5）大型边坡的监测内容应包括边坡变形，地下水动态及易风化岩体的风化速度等。

256 管道和架空线路的岩土工程勘察管道和架空线路工程简称为管线工程，是一种线形工程。包括：长输油、气管道线路，输水、输煤等管线工程，穿、跨越管道工程和高压架空送电线路，大型架空管道等大型的架空线路工程。其特点是通过的地质地貌单元多，地形变化大，各种不良地质作用和特殊土体都可能会遇到，故管道和架空线路岩土工程勘察的主要任务就是查明管线经过处一定范围内的地质条件，分析评价稳定性、适宜性，提出预防和解决可能发生的岩土工程地质问题的措施。管道和架空线路工程，一般按架设性质分为管道工程（埋设管线工程）、架空线路工程两种。

三、管道工程

管道工程包括地面敷设管道和大型穿、跨越工程，如油气管道、输水输煤管道、尾矿输送管道、供热管道等。

管道工程勘察与其设计相适应而分阶段进行。大型管道工程和大型穿、跨越工程应分为选线勘探、初步勘察、详细勘察 3 个阶段。中型工程可分为选线勘察、详细勘察 2 个阶段。对于岩土工程条件简单或有工程经验的地区，可适当简化勘察阶段。如小型线路工程和小型穿、跨越工程一般一次性达到详细勘察要求。

1. 选线勘探

选线勘察是一个重要的勘察阶段。如果选线不当、管道沿线的滑坡、泥石流等不良地质作用和其他岩土工程地质问题就较多，往往不易整治，从而增加工程投资，给国家造成人力物力上的浪费。因此，在选线勘察阶段，应通过搜集资料、工程地质测绘与调查，掌握各线路方案的主要岩土工程地质问题，对拟选穿、跨越河段的稳定性和适宜性做出评价。选线勘察应符合下列要求：

（1）调查沿线地形地貌、地质构造、地层岩性、水文地质等条件，推荐线路越岭方案。

（2）调查各方案通过地区的特殊性岩土和不良地质作用，评价其对修建管道的危害程度。

（3）调查控制线路方案河流的河床、河岸坡的稳定性程度，提出穿、跨越方案比选的建议。

（4）调查沿线水库的分布情况、近期和远期规划，水库水位、回水浸没和塌岸的范围及其对线路方案的影响。

（5）调查沿线矿产、文物的分布概况。

（6）调查沿线地震动参数或抗震设防烈度。

穿越和跨越河流的位置应选择河段顺直与岸坡稳定，水流平缓，河床断面大致对称，河床岩土构成比较单一，两岸有足够施工程度等有利河段。宜避开如下河段：

1）河道异常弯曲，主流不固定，经常改道。

2）河床为粉细砂组成，冲淤变幅大。

3）岸坡岩土松软，不良地质作用发育，对工程稳定性有直接影响或潜在威胁。

4）断层河谷或发震断裂。

2. 初步勘察

初步勘探主要是在选线勘察的基础上，进一步搜集资料、现场踏勘，进行工程地质测绘和调查。对拟选线路方案的岩土工程条件做出初步评价，协同设计人员选择出最优路线方案。该勘察阶段主要的勘察技术方法是工程地质测绘和调查，尽量利用天然和人工露头，只在地质条件复杂、露天条件不好的地段，才进行简要的勘探工作。管道通过河流、冲沟等地段宜进行物探，地质条件复杂的大中型河流应进行钻探。每个穿、跨越方案宜布置勘探点 1~3 个，勘探孔深度宜为管道埋设深度以下 1~3m(可参照详细勘察阶段的要求)。

初步勘察的主要勘察内容：

（1）划分沿线的地貌单元。

（2）初步查明管道埋设深度内岩土的成因、类型、厚度和工程特性。

（3）调查对管道有影响的断裂的性质和分布。

（4）调查沿线各种不良地质作用的分布，性质、发展趋势及其对管道的影响。

（5）调查沿线井、泉的分布和地下水位情况。

（6）调查沿线矿藏分布及开采和采空情况。

（7）初步查明拟穿、跨越河流的洪水淹没范围，评价岸坡稳定性。

3. 详细勘察

详细勘察应在工程地质测绘和调查的基础上布置一定的钻探、工程物探等勘探工作量，主要查明管道沿线的水文地质、工程地质条件及环境水对金属管道的腐蚀性，提出岩土工程设计参数和建议、对穿、跨越工程尚应论述岸坡的稳定性，提出护岸措施。

详细勘察勘探点布置应满足下列要求：

（1）对管道线路工程、勘探点间距视地质条件复杂程度而定，宜为 200~1000m，包括地质勘察点及原位测试点，并应根据地形、地质条件复杂程度适当增减；勘探孔深度宜为管道埋设深度以下 1~3m。

（2）对管道穿越工程，勘探点应布置在穿越管道的中线上，偏离中线不应大于

3m，勘探点间距宜为 30~100m，并不应少于 3 个；当采用沟埋敷设方式穿越时，勘探孔深度宜钻至河床最大冲刷深度以下 3~5m；当采用顶管或定向钻方式穿越时，勘探孔深度应根据设计要求确定。

四、架空线路工程

架空线路工程，如 220kV 及其以上的高压架空送电线路、大型架空索道等。大型架空线路工程勘探与其设计相适应，分为初步设计勘察和施工图设计勘察两个阶段。

小型的架空线路工程可合并一次性勘探。

1. 初步设计勘察

初步设计勘察应为选定线路工程路径方案和重大跨越段提出初步勘察成果，并对影响线路取舍的岩土工程问题做出评价，推荐出地质地貌条件好、路径短、安全、经济、交通便利、施工方便的最佳线路路径方案。其主要勘察方法是搜集和利用航测资料。

该阶段的主要勘察任务是：

（1）调查沿线地形地貌、地质构造、地层岩性和特殊性岩土的分布、地下水及不良地质作用，并分段进行分析评价。

（2）调查沿线矿藏分布、开发计划与开采情况：线路宜避开可采矿层；对已开采区，应对采空区的稳定性进行评价。

（3）对大跨越地段，应在明工程地质条件，进行岩土工程评价，推荐最优跨越方案。

（4）对大跨越地段，应做详细的调查或工程地质测绘，必要时辅以少量的勘探、测试工作。

2. 施工图设计勘察

施工图设计勘察是在已经选定的线路下进行杆塔定位、塔基勘探，结合塔位（转角塔、终端塔、大跨越塔等）进行工程地质调查、勘探和岩土性质测试及必要的计算工作，提出合理的塔基基础和地基处理方案及施工方法等。架空线路工程杆塔基础受力的基本特点是承受上拔力、下压力或者倾覆力。因此，应参照原水利电力部标准《送电线路基础设计技术规定》（SDGJ62—84），根据杆塔性质（如直线塔、耐张塔、终端塔等）进行基础上拔稳定计算、基础倾覆计算和基础下压地基计算。

施工图设计勘察要求：

（1）平原地区应查明塔基土层的分布、埋藏条件、物理力学性质，水文地质条件及环境水对混凝土和金属材料的腐蚀性。

（2）丘陵和山区除查明塔基土层的分布、埋藏条件、物理力学性质、水文地质条件及环境水对混凝土和金属材料的腐蚀性外，尚应查明塔基近处的各种不良地质作用，提出防治措施建议。

（3）大跨越地段尚应查明跨越河道的地形地貌，塔基范围内地层岩性、风化破碎程度、软弱夹层及其物理力学性质；查明对塔基有影响的不良地质作用，并提出防治措施建议。

（4）对特殊设计的塔基和大跨越塔基，当抗震设防烈度等于或大于 6 度时，勘察工作应满足场地和地基的地震效应的有关规定。

五、桩基础岩土工程勘察

1. 桩基岩土工程勘察的内容

（1）查明场地各层岩土的类型、深度、分布、工程特性和变化规律。

（2）当采用基岩作为桩的持力层时，应查明基岩的岩性、构造、岩面变化、风化程度，确定其坚硬程度、完整程度和基本质量等级，判定有无洞穴、临空面、破碎岩体或软弱岩层。

（3）查明水文地质条件，评价地下水对桩基设计和施工的影响，判定水质对建筑材料的腐蚀性。

（4）查明不良地质作用，可液化土层和特殊性岩土的分布及其对桩基的危害程度，并提出防治措施的建议。

（5）评价成桩可能性，论证桩的施工条件及其对环境的影响。

桩基岩土工程勘察宜采用钻探和触探以及其他原位测试相结合的方式进行，对软土、黏性土、粉土、砂土的测试手段，宜采用静力触探和标准贯入试验；对碎石土宜采用重型或超重型圆锥动力触探试验。

为了满足设计时验算地基承载力和变形的需要，勘探点应布置在柱列线位置上，对群桩应根据建筑物的体型布置在建筑物轮廓的角点、中心和周边位置上。

2. 勘探点的间距及勘探孔的深度要求

（1）土质地基勘探点间距应符合下列规定：

1）对端承桩宜为 12~24m，相邻勘探孔揭露的持力层层面高差宜控制为 1~2m。

2）对摩擦桩宜为 20~35m；当地层条件复杂，影响成桩或设计有特殊要求时，勘探点应适当加密。

3）复杂地基的一柱一桩工程，宜每柱设置勘探点。

（2）一般性勘探孔的深度应达到预计桩长以下 3~5d（d 为桩径）。且不得小于 3m；对大直径桩，不得小于 5m。

（3）控制性勘探孔深度应满足下卧层验算要求；对雷验算沉降的桩基，应超过地基变形计算深度。

（4）钻至预计深度遇软调层时，应予以加深；在预计勘探孔深度内遇稳定整实岩土时，可适当减小深度。

（5）对嵌岩桩，应钻入预计嵌岩面以下 3~5d，并穿过溶洞、破碎带，到达稳定地层。

（6）对可能有多种桩长方案时，应根据最长柱方案确定。

六、废弃物处理工程的岩土工程勘察

废弃物处理工程主要指工业废渣（矿山尾矿、火力发电厂灰渣、氧化铝厂赤泥等）堆场、垃圾填埋场等固体废弃物处理工程（不含核废料处理），主要有平地型、山谷型、坑埋型等弃物堆填场。对于山谷型堆填场，不仅有坝，还有其他工程设施，一般由下列工程组成：

1）初期坝，一般为土石坝，有的上游用砂石、土工布组成反滤层。

2）堆填场，即库区，有的还设截洪沟，防止洪水入库。

3）管道、排水井、隧洞等，用以输送尾矿、灰渣，降水、排水。对于垃圾堆填场，尚有排气设施。

4）截污坝、污水池、截水墙、防渗帷幕等，用以几种有害渗出液，防止堆场周围环境的污染，对垃圾填埋场尤为重要。

5）加高坝，废弃物堆填超过初期坝高后，用废渣加高坝体。

6）污水处理厂、办公用房等建筑物。

7）垃圾填埋场的底部设有复合型密封层，顶部设有密封层；赤泥堆场底部也有土工膜或其他密封层。

8）稳定、变形、渗漏，污染等的检测系统。

1. 勘察的主要内容

废弃物处理工程的岩土工程勘察应配合工程建设分阶段进行，可分为可行性研究勘察、初步勘察、详细勘察。勘察范围包括堆填场（库区），初期坝、相关的管线，隧洞等构筑物和建筑物，以及邻近相关地段，并应进行地方建筑材料勘察。

弃物处理工程应着重查明下列内容：

（1）地形地貌特征和气象水文条件。

（2）地质构造、岩土分布和不良地质作用。

（3）岩土的物理力学性质。

（4）水文地质条件岩土和废弃物的渗透性。

（5）场地、地基和边坡的稳定性。

（6）污染物的运移、对水源和岩土的污染，对环境的影响。

（7）筑坝材料和防渗覆盖用黏土的调查。

（8）全新活动断裂、场地地基和堆积体的地震效应。

2. 勘察的方法、目的和任务

废弃物处理工程各阶段岩土工程勘察的方法。

废弃物处理工程勘察前应搜集以下技术资料：

（1）废弃物的成分、粒度、物理和化学性质，废弃物的日处理量、输送和排放方式。

（2）堆场或填埋场的总容量，有效容量和使用年限。

（3）山谷型堆填场的流域面积、降水量、径流量及多年一遇洪峰流量。

（4）初期坝的坝长和坝顶标高，加高坝的最终坝顶标高。

（5）活动断裂和抗震设防烈度。

（6）邻近的水源地保护带、水源开采情况和环境保护要求。

3. 勘察要求

由于废弃物的种类、地形条件，环境保护要求等各不相同，工程建设及运行有较大差别，故在废弃物处理工程中工业废渣堆场和垃圾填埋场的岩土工程勘察，应根据实际情况符合相应规范要求。

表 2-14　不同地点的规范要求

项目 类型	工业废渣堆场	垃圾填埋场
勘探，测试应符合的规定	勘探线宜平行于堆填场、坝、隧洞、管线等构筑物的轴线布置。勘探点间距应根据地质条件复杂程度确定：对初期坝，勘探孔的深度应能满足分析稳定变形的要求与稳定，渗漏有关的关键性地段，应加密加深勘探孔或专门布置勘探可采用有效的物探方法辅助钻探和井探；隧道勘察应符合地下洞室勘察的有关规定	除应符合工业废渣堆场的规定外，还应符合下列要求：需进行变形分析的地段，其勘探深度应满足变形分析的要求：岩土废弃物的测试，可按《岩土工程勘察规范》（GB50021）中原位测试和室内试验的有关规定执行，非土废弃物的测试，应根据其种类和特性采用合适的方法，并可根据现场监测资料，用反分析方法获取设计参数：测定垃圾渗出液的化学成分，必要时进行专门试验，研究污染物的运移规律
岩土工程评价的内容	洪水、滑坡、泥石流、岩溶、断裂等不良地质作用对工程的影响：坝基、坝肩和库岸的稳定性，地震对稳定性的影响；坝址和库区的渗漏及建库对环境的影响：对地方建筑材料的质量、储量、开采和运输条件，进行技术经济分析	除应符合工业废渣堆场的规定外，尚宜包括下列内容：工程场地的稳定性以及废弃物堆积体的变形和稳定性：地基和废弃物变形，导致防渗衬层、封盖层及其他设施实效的可能性；坝基、坝肩、库区和其他有关部位的渗漏。预测水位变化及其影响：污染物的运移及其对水源、农业、岩土和生态环境的影响

当铁路、公路跨越河流、山谷或与其他交通路线交叉时，往往需要修筑桥梁、涵洞以保证道路的畅通和安全。

由于桥梁所处地质环境一般较复杂。桥梁上部荷载大，且承受偏心的动荷载和水流的冲击，所以桥梁基础通常选取墩台基础类型。在整个桥涵的修建过程中，经常遇到复杂的岩土工程地质问题。如江河、溪沟两岸斜坡上的桥梁墩台，在基坑开挖施工之中营产生基坑边坡滑动、坍塌，位于河床和较大溪沟中的桥墩，常遇到基坑涌水、水流底蚀掏空墩基。所以桥涵工程的特点和存在的诸多岩土工程问题也决定了桥涵工程地质勘察的特点。作为道路建筑的附属建筑物，桥涵设计只包括初步设计和技术设计两个阶段，故桥涵勘察按工程分为特大桥、大桥、中桥、小桥几种情况，在可行性论证的基础上进行初步勘察和详细勘察。

1. 初步勘察

初步勘察以工程地质测绘和调查、勘探（钻探、物探）为主要技术方法，目的是在线路比选方案的范围内寻找工程地质条件较好的桥址，同时为初步论证基础类型和选择施工方法提供必要的岩土工程地质资料。完成的主要工作任务有：

（1）查明河谷地质、地貌特征，指出覆盖层岩性、结构及厚度，指出基岩的地质构造及岩石性质、埋藏深度。

（2）查明岩石主要类型，研究它们的物理力学性质。

（3）查明水文地质条件，分别阐明桥址区内第四系及岩中含水层数量、水位及水头高、地下水侵蚀性等，进行抽水试验确定岩石的透水性。

（4）查明自然地质条件，分析桥址区岸坡稳定性（岸边冲刷及滑坡等），查明河床下岩溶、断裂破碎带等不良地质现象的分布和区域地震工程问题。

（5）提出桥涵基础类型的建议。

（6）提出天然建筑材料的建议。

2. 详细勘察

详细勘察以钻探为主要技术方法，进行大量的室内岩土试验和原位岩土体测试。由于是在已选定的方案线上进行的，故主要目的是提供编制桥涵施工设计和施工组织计划所需的岩土工程资料，解决施工过程中出现的工程地质问题。完成的主要工作任务有：

（1）查明桥址地段岩性、地质构造、不良地质作用的分布及工程地质特征，为最终确定桥梁基础砌置深度提供地质依据。

（2）查明桥梁墩台基础、调查建筑物地基覆盖层、基岩风化层的厚度及岩体的风化与构造破碎程度、软弱夹层情况和地下水状态。

（3）测试岩土体的物理力学性质参数，提供地基承载力及桩侧摩阻力。

（4）对边坡及地基的稳定性，不良地质作用的危害程度和地下水对地基的影响程度做出评价，预测施工过程中可能发生的不良工程地质问题，并提出预防和处理措施。

（6）结合设计要求对天然建筑材料场地进行详细复查。

七、水利水电工程地质勘察

水利水电建设工程是通过建造一系列水工建筑物（如挡蓄水建筑物、取水建筑物、输水建筑物、泄水建筑物、整治建筑物、专门建筑物），利用和调节江、河地表水，使之用于灌溉、发电、水运、拦淤、防洪等，达到兴利除害目的的大型工程。根据国家防洪标准，水利水电枢纽工程和水工建筑物划分为五等。在水利水电工程的完成过程中，水对地质环境的作用是主要的，对水利水电枢纽工程和水工建筑物影响非常大，会产生水库渗漏、库岸塌落、水库浸没等工程地质问题。因此水利水电工程地质勘察就是要通过对工程建设区工程地质条件和问题的调查分析，为水利水电工程的规划、设计、施工提供充分可靠的地质依据。通常，水利水电工程地质勘察与其设计阶段相适应，分为规划勘察、可行性研究勘察和技术施工勘察 3 个阶段进行，对于中小型水利水电工程可简化勘察阶段。

1. 规划勘察

规划勘察实际包含了水电工程中的预可行性勘察内容。该阶段勘察的目的是为河流开发方案和水利水电工程规划提供地质资料和地质依据。勘察的主要任务和内容是：

（1）搜集了解规划河流或河段的区域地质和地震资料。

（2）了解各梯级水库、水坝区的基本地质条件和主要工程地质问题，分析建坝建库的可能性，为选定河流规划方案，近期开发工程的控制性提供地质资料。

（3）进行各梯级坝区附近的天然建筑材料普查。

（4）勘察内容包括规划河流或河段勘察、水库区勘察、各梯级坝区勘察几个方面。该阶段主要勘察技术方法是区城地质调查，1 ∶ 2 000~1 ∶ 10 000 的工程地质测绘，工程物探及适量的钻探、洞探和岩土试验。

2. 可行性研究勘察

该阶段勘察的目的是为选定坝址和建筑场地，查明水库及建筑区的工程地质条件，为选定坝型、枢纽布置进行地质论证和建筑物设计提供依据。

勘察的主要任务和内容是：

（1）查明水库区岩土工程问题和水文地质问题，并预测蓄水后的变化。

（2）查明建筑物区的工程地质条件，为选定坝址、坝型、枢纽布置、各建筑物的轴线和岩土工程治理方案提供依据和建议。

（3）查明导流工程的工程地质条件，必要时进行施工附属建筑物场地的勘察和施工与生活用水水源初步调查。

（4）进行天然建筑材料详查。

（5）进行地下水动态观测和岩土体变形监测。

（6）勘察内容包括区域构造稳定性勘察和严重渗漏区勘察、水库浸没区勘察、水库坍岸区勘察、不稳定岸坡勘察，水库诱发地震研究等水库区专门性勘察、坝址区勘察、地下洞室勘察，渠道勘察、引水式地面电站和泵站厂址勘察、泄洪道勘察，通航建筑物勘察、导流工程勘察、天然建筑材料勘察等诸多方面。

该阶段采取的主要勘察技术方法有区域地质调查、1 ∶ 1 00~1 ∶ 5 000 工程地质测绘、勘探（钻探、洞探、物探）、土工试验、岩石试验（室内、原位）、水文地质试验、长期观测与监测和分析预测等方法。

3. 技术施工设计勘察

该阶段勘察的目的是在已选定的枢纽建筑场地上，通过专门性勘察和施工地质工作，检验前期勘察成果的正确性，为优化建筑物设计提供依据。

勘察的主要任务和内容是：

（1）针对初步设计审批中要求补充论证的和施工开挖中发现的岩土工程问题进行勘察。

（2）进行施工地质工作。

（3）提出施工和运行期间岩土工程监测内容、布置方案和技术要求的建议，并分析岩土工程监测资料。

（4）必要时进行天然建筑材料复查。

（5）勘察内容包括：水库诱发地震、岸坡稳定性、坝基岩土体变形和稳定性问题研究以及洞室围岩稳定性研究等专门性岩土工程勘察和施工地质工作，对建筑场地地质现象进行观测和预报，提出地基加固和其他岩土工程治理方案的决策性建议，参加与岩土工程有关的工程验收工作。

勘察方法根据专门性工程具体情况和施工地质状况而定，通常采用超大比例尺测绘（1 ∶ 200~1 ∶ 1 000），专门性勘探试验方法（如弹性波测试、点荷载试验等）和长期观测等方法。此外，还采用观察、素描、实测、摄影和录像等方法编录和测绘施工开挖揭露的地质现象及相关情况。

4. 不良地质作用和地质灾害的岩土工程勘察

不良地质作用是由地球内力或外力产生的对工程可能造成危害的地质作用；地质灾害是由不良地质作用引发的，危及人身、财产、工程或环境安全的事件。在人类工程活动或工程建设中常遇到的不良地质作用和地质灾害有：岩溶、崩塌、滑坡、泥石流、地面沉降、地裂缝、场地和地基的地震效应、海水入侵等。在我国许多大中城市地区，由于大量开采地下承压水和集中的工程活动、地面沉降、地裂缝，岩溶塌陷等地质灾害时有发生，许多山区的铁路、公路沿线和江河水运沿岸发生滑坡、崩塌或泥石流，损毁铁路、公路设施，阻塞水运航道，威胁人的生命和财产安全，造成重大经济损失和社会影响。在对大量不良地质作用和地质灾害的调在研究中发现，无论其属于哪种类型，均具有一定的渐变性、突发性、区域性、周期性、致灾性和可防御性特点，可以通过岩土工程勘察查明它们的孕育时间、条件，影响因素，演化、发生规律，预防、预测其活动发展，把灾情减小到最低程度。因此，在岩土工程勘察中，不良地质作用和地质灾害的勘察已经越来越受到岩土工程界和地质灾害研究者的重视。在不良地质作用和地质灾害的勘察中，目前还没有完全统一的勘察规范，一般是按不良地质作用和地质灾害的类型、规模，以查明和解决以下问题为主：

（1）调查地形、地貌、地层岩性以及不良地质作用和地质灾害与区域地质构造的关系。

（2）查明不良地质作用和地质灾害的分布和活动现状。

（3）查明不良地质作用和地质灾害的形成条件、影响因素、成因机制与活动规律。

（4）对已经发生或存在的不良地质作用和地质灾害，预测其发展趋势，提出控制和治理对策；对可能发生的不良地质作用和地质灾害，应结合区域地质条件，预测发生的可能性，并进行有关计算，提出预防和控制的具体措施和建议。

不良地质作用和地质灾害产生的动力来源、影响因素、活动规模各有不同，故其类型较多，但其勘察方法亦大同小异，可按不良地质作用和地质灾害的类型选择踏勘，工程地质测绘和调查、长期观测、钻探、原位测试、工程物探、室内岩土试验、水化学分析试验及地理信息系统（GIS）、地质雷达和地球物理层析成像技术（CT）等新技术、新方法。工作量的多少以获取高可靠度的地质资料为依据布置。除以上各种岩土工程勘察外，还有地基处理岩土工程勘察，既有建筑物的增减和保护，岩土工程勘察、铁路岩土工程勘察、公路岩土工程勘察、地铁岩土工程勘察、城市轻轨岩土工程勘察等。

第三章　岩土工程的设计、施工、检测与管理

本章为岩土工程学的总论，它将以岩土工程的工作内容为主线，讨论岩土工程勘察、岩土工程设计、岩土工程施工、岩土工程检测以及岩土工程管理诸方面带有共性的规律性和有关的要求与方法。在这里，将岩土工程的勘察、设计、施工、检测和管理分题讨论，只是为了突出问题的主要方面，但就其实质来讲，这几个环节都是互相紧密联系的，它们构成了一个“你中有我，我中有你”的综合影响体系。

第一节　岩土工程设计

一、概述

岩土工程设计就是在考虑建设对象对自然条件的依赖性、岩土性质的变异性以及经验与试验的特殊重要性的基础上，从适用、安全、耐久和经济的原则出发，全面考虑结构功能、场地特点、建筑类型及施工条件（环境、技术、材料、设备、工期、资金）等因素，依据所占有的充分资料和科学分析，经过多种方案的比较与择优，采用先进、合理的理论方法，遵守现行建筑法规和规范的要求，对建筑涉及的各种岩土工程问题作出满足使用目标的定性、定量分析，在具体与可能的土、水、岩体综合条件和可能的最不利荷载组合下，提出岩土工程系统（地基、基础与上部结构）能够满足设计基准期内建筑物使用目标和环境要求，以及土体足够、但不过分的强度变形稳定性与渗透稳定性的地基、基础、结构及其在施工、监测诸方面措施的最优组合方案，以及实施这种方案在质量、步骤和方法上的各种具体要求。岩土工程设计一般包括方案设计与具体设计（地基设计、基础设计、施工设计、环境设计、观测设计以及结构的原则设计）。这两种设计相互联系、相互依赖，但方案设计往往起主导作用。上述关于岩土工程设计的综合表述，包括了岩土工程设计的依据、原则条件、方法、目的、内容和要求。

二、岩土工程设计的特点

岩土工程设计的特点在于它必须面对对自然条件的依赖性、岩土工程性质的变异性（不确定性），以及建筑经验、试验测试与建筑法规和规范的特殊重要性。因此，岩土工程设计不会存在一个固定的模式，它必须坚持“具体问题，具体分析，具体解决”的原则，一切从实际出发，将当地的各种条件、数据、经验与建设对象的特点和要求紧密结合起来，以寻求解决问题的途径和方法。

三、岩土工程设计的原则

岩土工程设计的原则是必须保证工程的适用性、安全性、耐久性和经济性，并根据这个原则进行多种方案的比较分析与择优选取。所谓适用性就是要满足工程预定的使用目标；所谓安全性就是要使工程在施工期和使用期内一切可能的最不利条件与荷载组合下都不致出现影响正常工作的现象和破坏；所谓耐久性就是保证工程各部分及其相互之间具有在预定使用年限内，都满足使用目标的条件；所谓经济性就是在确保上述要求条件下要尽可能地减少投资，缩短工期。这几个方面是互相关联的一个整体。最佳的设计必须经过多种可能方案的比较，而在方案比较中，引入先进的理论、方法和技术，往往是获得最优方案的重要途径。现行的规范是一把有效而神圣的尺度，但不应该把它视为四海皆准而不容触动的教条，很多地方还需要在具有充分试验分析依据的基础下进行补充与修正。

四、岩土工程设计的内容

岩土工程设计必须把地基、基础、上部结构，甚至施工视为一个整体，以保证工程在整体上的变形、强度和渗透稳定性为核心，组合出可能的不同设计方案，作为分析计算的基础。岩土工程设计中的方案设计与具体设计是互相联系的，方案设计往往比具体设计更加重要，但方案的择优又依赖具体设计及其概算的比较。一个重要工程完整的岩土工程设计方案常需包括地基设计方案，基坑支护设计方案，基础设计方案，上部结构设计方案，施工设计方案，环境设计方案以及观测设计方案，并对它们提出在质、量以及实施步骤、方法上的具体要求。

地基设计要面对承受基础所传来荷载的全部地层。直接与基础接触的地层称为持力层，其下则均称为下卧层。地基设计应首先考虑天然地基，在不能满足要求或不经济时再考虑人工地基。每种地基都可以从多种方法中选出可能的比较方案。

基坑支护设计是风险性较大的设计，不仅需要满足功能使用和基础埋深的要求，而且需要保护周边各种已有的建筑物、地下管线和道路。因此，需要根据场地地层状态特点，基坑形状和深度要求，周边环境的保护要求，确定基坑支护挡土结构方案（放坡护面、重力式挡土墙、喷锚土钉支护、桩墙支护等）和平衡水土压力的支撑或锚拉方案、止水降水方案和检（监）测方案等。基坑支护设计应对施工的工艺和土方开挖的工况提出具体的要求。

基础是指传递上部结构各种荷载的地下埋置部分。在基础设计中应首先考虑浅基础。浅基础和深基础都有不同的类型，常需结合具体条件，从基础的类型、形状、布置、尺寸、埋深、材料、结构等方面来寻求合适的比较方案。上部结构是指结构的地上部分。它的平面布置、立面布置、材料、结构形式、整体刚度、荷载分布的变化都会影响到地基与基础的工作，也可属于统筹寻求合理方案的比较因素。施工中基坑的开挖、降水、支护方法，以及施工顺序、施工期限和施工技术等诸多方面的变化均会对地基、基础和上部结构产生不同的影响，它也可能和其他因素一起，在形成最优的组合方案中起到重要作用。

任何一个岩土工程设计方案能够成立的条件是它必须在强度、变形和渗透诸方面确保足够的稳定性。强度稳定要求与建筑有关的土体不发生整体滑动、侧向挤出或局部坍塌。如对地基，其土体所承受的荷载应不超过地基的容许承载力。变形稳定性要求与建筑有关的土体不发生过量的变形（总体沉降、水平位移或沉降差）。如对地基，其土体实际的变形量应不超过地基的容许变形值。渗透稳定性要求与建筑有关的土体不发生流土或管涌，以及由水在土中的渗透而引起的破坏或过量的变形。如对地基，其土体实际的渗透水力坡降应不超过基土的容许水力坡降。

五、岩土工程设计的方法

岩土工程设计中必须把正确选用岩土计算指标参数和设计方法（尤其是指标参数与设计方法的配套）以及设计安全度的选择放在重要位置上。

（1）岩土的特性指标参数应注意土体的非均匀性、各向异性；注意试验测定的方法、条件与土体在工程原位时工作的相似性；也应注意参数可能随土体实际工作时间与环境的变化而有所改变。尽量模拟土的实际工作条件是确定土性指标的关键。考虑到土性参数变化的随机性（不确定性），在土性参数确定时，应保证足够的试验工作量，采取数理统计的方法确定选用的指标。

（2）一般认为，概率法设计要优于定值法设计，极限状态法设计要优于容许应力法设计，因此，将概率法（可靠度法）与极限状态法相结合的设计方法逐渐成了岩土工程设计中被人注视的方向。但此时，由于对每一个工程都进行可靠度计算的不现实性，实用上常用建立在概率或经验基础上的分项系数法设计，即对一系列有关工程重要性、土性参数、荷载作用、抵抗力等各个分项都引入规定的分项系数来对比作用效应与抗力效应之间的关系。我国目前的有关规范开始采用了这种方法。定值的容许应力法，只比较荷载作用与岩土抗力，要求强度满足一定的安全储备，变形满足正常使用要求。在比较中，岩土指标采用某一个定值（平均值、大值平均值或小值平均值），荷载、抗力，尤其是安全度取值都建立在经验基础上。而以概率法为基础的极限状态法，一方面要按失效概率来量度设计的可靠性（即将岩土指标和安全储备都建立在概率分析的基础上），另一方面将极限状态分为承载力的极限状态（破坏极限状态、第一极限状态）和正常使用的极限状态（功能极限状态、第二极限状态）。承载力的极限状态，既包括地基整体滑动，边坡失稳，挡土结构倾覆，隧洞顶板垮落或边墙倾覆，以及流砂管涌、侵蚀、塌陷和液化等（称为 A 类）；又包括土的湿陷、融陷、震陷及其他大量变形引起结构性破坏，岩土过量的水平位移引起桩的倾斜，管道破裂和邻近工程结构破坏，地下水的浮托力、静水压力和动水压力引起结构性破坏等（称为 B 类）。正常使用的极限状态，包括外观变形、局部破坏和裂缝，振动和其他如地下水渗漏等超过了正常使用或耐久性能的某种限度等。岩土工程可靠度分析的精度主要依赖于岩土参数统计的精度。岩土特性是一个空间范围内的平均特性。可靠度验算是整个体系的可靠度。虽然这种方法在目前还有较大的困难，但它代表了设计方法发展的方向。

如果以当前对作用力 S 和抗力 A 常用的关系式为例，则它的表达式为：

$$\gamma_n S(\gamma_A,\ f_k,\ \alpha_k,\ \gamma_Q,\ \gamma_{sd},\ \varphi_C) \le \gamma_R(f_R,\ \alpha_R,\ \gamma_{Rd},\ C) \quad (2\text{-}1)$$

式中：s(•) 为作用力效应函数；R(•) 为抗力效应函数；γ_n 为工程重要性分项系数（如一级 1.1，二级 1.0，三级 0.9）；γ_Q 为作用力效应分项系数；γ_{sd} 为作用效应函数计算模式不定性的分项系数；γ_{Rd} 为抗力效应函数计算模式不定性的分项系数；γ_A 为岩土参数作用效应的分项系数；γ_R 为抗力效应的分项系数；f_k 为岩土参数标准值；Q_k 为作用效应标准值；α_k 为几何参数；φ_C 为作用效应组合系数；G 为限值。虽然，这里采用各类分项系数的概念是无可非议的，但要确定它们的实用数值却并非易事。只有以概率分析或丰富经验为基础，才能逐步得到各类实际对象合理的匹配数值。

六、岩土工程设计的新途径

在岩土工程设计中，直接间接地应用工程实体的试验或监测成果，完善和修改岩土工程设计是一个值得重视和发展的新途径。由于岩土工程的影响因素复杂，数学公式或数学模型的建立往往需经过相当的简化假定，而且地质条件难以完全摸清，岩土参数不易准确测定，测试条件与工程原形之间的差别往往很大，即使是模型试验，也会由于模型材料与尺寸效应等问题很难完全作为定量的手段。因此，以实体试验和原形观测为依据，或者建立经验公式，或者用经验系数修正理论公式（如由桩的静载试验建立桩的端承力、侧阻力的经验值；用土的静载试验建立地基承载力的经验值；用沉降观测数据修正试验，建立地基承载力的经验值；用沉降观测数据修正沉降计算公式等），或者直接作为岩土工程设计的依据（如足尺静载试验，桩墩的现场试验，现场堆载试验，现场试开挖试验，现场疏干排水试验，现场地基处理试验，锚杆抗拔试验等），或者进行动态设计，即信息化设计（如根据堤坝下软土地基土的位移和孔压观测数据调整加荷速率；根据开挖过程中土的应力和位移调整施工程序；根据沉降观测数据确定高层与裙房间后浇带的浇筑时间；根据深开挖或地下开挖过程中岩土和结构的应力、变形、地下水情况，采取补强或其他应急措施），或者通过数值反分析方法反求岩土体的参数以便检查设计的合理性，查明工程事故的技术原因及进行科学研究等，都是常用的良好技术和手段。

应该强调，反分析必须以工程原形为基础，以原型观测为手段，将观测数据与数学模型相联系，通过计算分析所得的参数与设计所用参数的对比，查验设计的合理性。因此，它要求勘察资料详细，有初始状态和应力历史的数据，有系统、全面、可靠的观测数据，计算模型边界条件及排水条件合理。在进行理论解析、量纲分析和统计分析时注意反分析工程与设计工程之间在尺寸上的差异。而且，除非在确有把握时可用外延方法外，一般只能在内插范围内选取参数。反分析毕竟还有一定的假设条件，因此，一般不应作为涉及责任问题的查证手段。目前，在实际应用中，可以进行非破坏性的反分析，也可以进行破坏性的反分析，其基本情况可参见表 3-1 和表 3-2。

表 3-1　非破坏性反分析

工程类型	实测参数	反演参数
建筑工程	沉降、基坑回弹	变形参数
动力机器基础	反应的位移、速度、加速度	动刚度、动阻尼
挡土结构	水平位移、垂直沉降、倾斜、土压力、结构应力	岩土抗剪强度
公路	路基、路面变形	土的变形模量、加州承载比
降水工程	涌水量、水位降深	渗透系数

表 3-2　破坏性反分析

场地类型	实测参数	反演参数
各类场地	地基失稳后的几何参数	岩土强度
滑坡	滑体的几何参数，滑前、滑后的观测数据	滑床岩土强度
液化	震前藤后的密度、强度、水位、标高	液化临界值
膨胀性土 湿陷性土	含水量、场地变形、建筑物变形	膨胀压力、湿陷指标

七、岩土工程设计的技术文件

岩土工程设计必须提出清晰完整的设计文件。以文字表述的文件多用于方案设计，着重进行可行性论证，辅以方案所必要的图表（包括平面图、剖面图、工程项目一览表、材料统计表、概算表等）；以图件表述的文件，多用于施工设计阶段，辅以简要的文字说明。设计文件包括综合设计文件和分类设计文件。另外在说明书中应包括任务来源、设计依据、设计的基础资料和基本数据、技术方案与计算、施工注意事项、检验与监测及概算等，一般还需附以存档备查的计算书。分类设计文件应针对不同项目（如天然地基、预制桩、灌注桩、降水疏干工程、开挖支护工程、边坡工程、地基处理等）分别提出。视具体情况，必要时可作出与设计相关的专门性的技术文件（如各种试验报告、检验报告、监测报告、调查报告、分析评价报告等）。

综上可见，岩土工程设计正在经历着四个转变，即由容许应力设计向极限状态设计的转变，由确定性设计向概率法设计的转变，由静态设计向动态设计的转变和由单体作用设计到共同工作设计的转变。它们必将使岩土工程设计走上一个更加适应岩土工程特点的崭新阶段。

第二节　岩土工程施工

一、概述

岩土工程施工就是在吃透设计意图的基础上，组织力量（人力、物力、财力）将设计方案的要求，正确、合理、经济、安全、高质量、高效率地予以实现。并在实施过程中，注意进一步完善设计方案、设计方法、设计参数，及时处理出现的各种新情况和新问题。因它与工程特性和具体条件的变化密切相关，因而蕴藏着很大的可创造性。上述这些关于岩土工程施工的综合表述包括了岩土工程施工的基础、前提、要求和任务。

二、岩土工程施工的特点

岩土工程施工的根本特点，一是条件差，经常处于地下或水下；二是工期长，一般从基坑开挖到基础修建、基坑周围回填，往往需要相对较长的时间；三是费用高，几乎要花去工程总投资的 30%～40%；四是风险大，常会遇到很多意想不到的问题，需要及时处理，以保证工程和人身的安全；五是变化多，一遇到异常就得改变设计，但又不能延误施工；六是更改难，一旦完成不好，就很难修改补救，甚至花费了大量的财力和人力，也至多得到一个很难令人满意的结果。从这些特点出发，岩土工程的施工必须一方面要吃透设计意图，另一方面要随时根据暴露出的地质条件和发生的各种现象，对原设计进行检验分析，必要时提出问题，或作出修改，切不可有半点马虎或放任。

三、岩土工程施工的核心

岩土工程施工的核心是抓好质量，抓好效率，抓好安全与环境。质量来自可靠的设备、合理的方法、先进的技术、及时的检验、正确的应变。为此，要认真贯彻有关质量工作的方针政策、技术标准、施工验收规范、质检标准和技术操作规程，推行科学的质量管理方法，严格原材料、半成品和构配件的质量检查和验收。效率来自周密的计划、合理的组织和熟练的技术。要责任分明，及时抓住和处理要害问题，不使岩土和施工的条件有任何恶化。安全包括兴建工程的安全，相邻工程的安全以及设备和人身的安全。为此，必须严格按设计施工；执行安全生产法规；做好施工前的安全技术交底；明确机电设备及施工用电的安全措施，防止吊装设备、打桩设备等倒塌的措施和季节性安全措施（防雨、防洪、防冻）；注意施工现场周围的通行道路与居民保护的措施；加强安全施工生产责任制。环境应包括工作环境和工程环境，应注意确保文明施工、场地整洁和工程邻近处居民的正常生活与已建结构物的正常工作。与此同时，岩土工程施工要把及时发现和处理一切新情况和新问题放在非常重要的地位上。岩土的复杂性表现为往往会在施工中出现许多难以预料的情况和问题，而且它的处理必须细心分析、当机立断、迅速准确、防微杜渐。否则，事态的扩大会造成难以弥补的损失。因此，对处理各种新问题的经验教训进行总结都具有重要的理论和实用价值。根据发现的新情况，评判、修改或补充原有设计，蕴藏着很大的创造性。

四、岩土工程施工的对象

岩土工程施工的主要对象是作为地基、边坡、洞室主体的岩体、土体和其中的水体。岩体和土体的开挖、支护、压实、加固与处理，以及水体的降排、防渗、防止流土、管涌和防止污染环境等，成了岩土工程施工中的重要课题。它们所涉及的施工技术有基本工种的施工技术，如土方工程、混凝土工程、钢筋工程、钻探工程、打桩工程、爆破工程、注浆工程等；也有专门的施工技术，如灌浆、预压、强夯、深层搅拌、高压喷射、灌注桩、振冲、防渗墙、沉井、预锚、土工合成材料应用等。必须注意讲求各种技术的实际能力和水平，并认真总结在复杂施工条件下施工的实践经验，不断发展施工技术，提高施工水平。

此外，岩土工程施工同样需要有详细的记录文件，它是质量检验、事故分析、经验总结、工程验收和科学研究的重要资料。

第三节　岩土工程检测

一、概述

岩土工程检测是指岩土工程的检验与监测。它的内容一般包括有"两个检验"及"三个监测"。"两个检验"就是对勘察成果与评价建议的检验，对各类施工质量控制的检验。"三个监测"就是对施工作用及各类荷载与岩土反应性状（包括应力、应变、位移、孔压、地下水等）的监测；对建设与运营中结构物沉降及性状的监测；对环境条件（包括振动、噪声、污染）、工程地质与水文地质条件以及邻近建筑变化的监测。通过这些检验与监测来获取信息的第一手资料或数据，并在对这些资料数据进行各种分析计算与总结的基础上，为设计的合理性与施工的高质量和安全、运营中工程的可靠性与稳定性、岩土工程理论与技术的检验和发展提供科学的依据。上述这些对岩土工程检测的综合表述，包括了岩土工程检验与监测的内容、目的和重要作用。

二、岩土工程检测的特点

岩土工程的检验与监测不仅需要"查体"，而且需要"治病"。它是岩土工程建设中一个非常重要的、最有发言权的环节和内容。通过检测，可以反求出其他方法难以得到的工程参数;可以完善、修改设计或施工的方案;可以保证工程施工的质量和安全，提高工程的效率和效益。例如，用沉降、水平位移及孔压的观测数据控制分级加荷的时间;用粘聚力 c，内摩擦角 φ 及加荷后地基强度的增长率控制加荷的大小;用孔压—时间关系曲线及沉降—时间关系曲线的反演分析修正固结性参数等。既确保施工对象的安全，又检验设计的参数。

三、岩土工程检测的目的

岩土工程检验与监测的目的在于通过检验来考查设计施工的基本条件与具体要求是否达到；通过监测来考查设计施工的综合效果和实际效益是否达到。如果在二者之间发生矛盾，就需要通过仔细的研究，寻求其中的原因，或者总结经验发展理论（正效果时），或者查病治病，采取措施（负效果时）。因此，检验的要求是已知的，工作是主动的；而监测的效果是未知的，工作是被动的。只有通过一系列关于岩体、土体、水体或结构与设施内的变形和应力、位移和孔压以及地下水与其他有关方面的变化及其分析，才能作出符合实际的结论。一般既需要有相应的试验设备，又需要有不同的观测设备。通常的监测包括变形监测、位移监测、应力监测、孔压监测、地下水监测及环境监测等。

四、岩土工程检测的要求

岩土工程检验与监测的要求对不同的工程对象应该有所不同，必须针对不同的工程进行。这样，对天然地基工程，常需检验基槽的土质；监测回弹与建筑物沉降，地下水控制措施的效果与影响，以及基坑支护系统的工作状态。例如，对预制桩工程，常需检验桩的平面布置、质量，施工机械及置桩能量，置桩过程，施工顺序，施工进度，持力层的性质，最终贯入度，桩的垂直度，间歇天数，等等；监测打桩过程中土体的变形与孔压，桩身受力变形性状，单桩承载力，振动，噪声，桩土相互效应。对于灌注桩工程，常需检验桩的平面布置（数量、间距、孔径），成孔质量（垂直度、孔底渣土厚度、持力层终孔验收），施工顺序，工序衔接，施工进度，钻孔泥浆特性，钢筋笼规格质量、安设，混凝土特性、浇筑量、浇筑质量，等等；监测施工过程，桩身受力变形，单桩承载力，环境影响，运营期间桩土的相互作用效应（负摩擦、抗浮等）及群桩效应。对于地基加固工程，常需检验方案的适用性，加固材料的质量，施工机械特性，输出能量，影响范围深度，施工技术参数，施工速度、顺序、遍数，压密厚度，成孔、成桩的质量，工序搭接，加固效果，停工、气候和环境条件变化对施工效果的影响等；监测岩土性状的改变，加固前后性状的比较，环境影响，加固效果随时间的变化。对于基坑开挖的支护工程，常需检验基槽；监测支护结构、槽底和被支护土体的变形，锚杆的受力情况，地下水位及孔压，相邻建筑物的沉降等。所有的技术要求都依据于工程设计的条件与质量控制的标准。

五、岩土工程检测的关键

岩土工程检验与监测的关键是必须强调检验与监测的目的性、计划性、及时性、准确性、系统性和经济性。各项检验与监测工作必须在充分了解工程总体情况，即勘察成果、设计意图、施工组织计划的前提下，有针对性地按计划进行。检验与监测的重点和各工作点在空间和时间上的布局、方法和选择以及资料分阶段分析的安排等，都应以工程负责人能够及时掌握工程的总体进程状态为基本原则，及早发现异常，确认采取补救措施的必要性。检验与监测的资料应及时作出整理分析，以便有利于及早揭露仪器的失效或观测方法的失败，有利于及早发现和预报险情。准确性除了要求仪器稳定可靠外，还应保证与要求相适应的工作精度。系统性要求观测方案内容互相配套，防止盲目地设点。岩土工程监测的目的性、及时性、计划性、准确性与系统性都是有关经济性的重要问题。

应该特别指出，岩土工程的检验与监测不是孤立的，它应该与岩土工程勘察、设计、施工一起构成一个完整的系统。这种关系可以由图 3-1 来说明。由于岩土工程检测是在实际工程上进行的系统观测，对于岩土工程有关理论的检验和发展具有非常重要的科学意义，可以通过反分析求出其他方法难以得到的某些工程参数。

同样，岩土工程检测的全部成果必须完整地做出记录，妥善保存，以备施工时的分析和以后的应用。

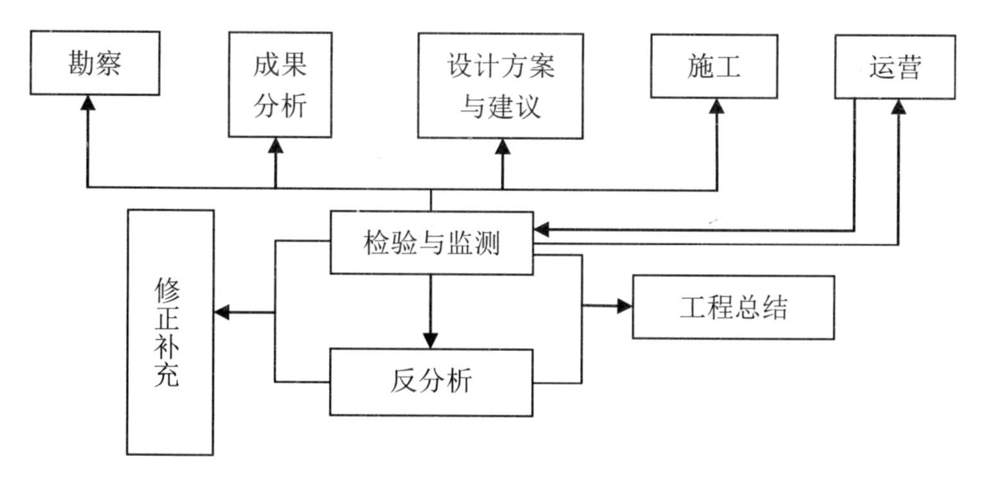

图 3-1　岩土工程检测与勘察、设计、施工的关系

第四节　岩土工程管理

一、概述

岩土工程管理就是适应岩土工程的特点，动态地寻求主观与客观或技术与条件的最佳融合。因此，它需要统一考虑地基、基础和结构的共同工作；统一考虑勘察、设计、施工和检测的互相配合和强烈依赖性；统一考虑利用、整治与改造的整体优化；统一考虑安全、适用、耐久、经济与环境的基本要求；统一考虑岩体、土体和水体特性的时空变化等特点。它需要在指挥服务机构与技术决策系统间建立灵活、有序、有效、互相协调的运行机制和激励机制，达到调动一切积极因素，协调各方面的关系，推动工程在施工期的全面优化和运用期高效耐久的总目标。上述这些关于岩土工程管理的综合表述，包括了岩土工程管理的原则、思路、组织、关系和目标。

二、岩土工程管理的特点

岩土工程管理必须使行政管理与技术管理相配合，建立灵活、有序、及时、有效、协调的指挥服务机构与技术决策机构，推动工程的全面优化。岩土工程管理必须保证施工期材料的优质与及时供应，调动各方面的积极因素，使人员与技术同具体条件及其变化相融合。

应该特别指出，岩土工程管理的行政管理与技术管理都必须把风险管理放在重要地位，“凡事预则立，不预则废”。

三、岩土工程管理的核心

岩土工程管理的核心主要在于建筑施工期，但也要注意到工后应用期。在施工期管理上，在保证工程安全、质量和工程进度的前提下，必须坚持对于工程可能出现问题的预见性，以及处理问题时在全面质量原则下的灵活性；在工后管理上，既要保证工程的高效耐久，又要考虑原设计条件的变化，以其不致发生恶化为原则，对发现的新问题要及时研究，并妥善解决。

四、岩土工程管理的原则

岩土工程管理的总原则是目标系统的最优化。为了保证安全可靠目标、使用功能目标和施工质量目标，必须通过组织措施、合同措施、技术措施和经济措施，控制管理好工程的费用、进度、质量、安全和环境。

五、岩土工程管理的体制

以往，勘察有勘察院，设计有设计院，施工有工程局，研究有研究院。这种各据一方，缺乏互相配合和互相制约的局面，很难适应当代岩土工程客观规律的需要，给真正的管理工作带来了很大的困难。当前，这种体制上的不足在逐步得到改善。现代岩土工程管理主要包括施工总承包管理、设计施工总承包管理、交钥匙工程管理与承建—经营—移交（Build-Operate-Transfer）四种模式。

施工总承包管理模式是以我国社会主义市场经济条件下自主经营、自负盈亏、自我发展的经济实体为基础，通过与业主及承包人的合同关系，明确进度与计划控制、工程变更、计量支付、延期索赔等内容，承担工程施工期内的计划管理、技术管理、质量管理、成本管理、安全管理等，有效地进行工期质量及费用控制，充分发挥总承包施工管理和技术优势，完成工程施工的一种有效管理模式。

设计施工总承包管理模式是指工程总承包企业按照合同约定，承担工程项目的设计、采购、施工、试运行服务等工作，并对承包工程的质量、安全、工期、造价全面负责，能为业主提供从项目立项到建成的全过程服务的一种管理模式。它避免了设计、采购、施工、试运行分别由不同的组织来管理和实施而造成相互脱节、相互制约的现象；有利于设计、采购、施工的整体方案优化；有利于设计、采购、施工的合理交叉、动态连续、缩短建设周期；有利于实现项目目标，能有效地对项目全过程进行进度、费用和质量的综合控制；也有利于积累工程建设经验，不断提高项目管理水平，为业主和社会创造更好的效益。

交钥匙工程管理模式是承建单位为建设单位，即业主开展工程建设，一旦设计与建造工程完成，包括设备安装、试车及初步操作顺利运转后，就将该工程项目所有权和管理权的“钥匙”依据合同完整地“交”给建设单位或业主方，由对方开始经营的一种特殊管理模式。

承建—经营—移交（Build-Operate-Transfer，简称为 BOT）的工程管理模式是指根据合同安排，项目承办者承担建造，包括该设施的融资、维护，经营该设施一个固定时期，并允许对设施的使用者收取合理的使用费、酬金、租金及其他费用（但不超过投标书建议的或谈判并体现在合同中能使项目承办者收回的投资和经营、维护费用），在规定的期限将该设施移交给政府（政府机构或政府控制的公司）或有关地方政府部门。BOT 模式的实质是一种债务与股权相混合的产权。

六、岩土工程管理的形式

工程监理是岩土工程管理的一个重要形式。它要解决和处理某个具体工程建设项目中涉及岩土的调查、研究、利用、整治或改造等各个环节参与者的行为和他们的责、权、利，依据有关的法律、法规和技术标准，综合运行法律、经济和技术手段，按照业主委托的合同进行必要的协调和约束，保证岩土工程各个环节（方面）行为有条不紊地快速进行，以取得高的工程质量和最大的投资效益、好的环境效益和社会效益。它的主要工作内容是进行投资控制、进度控制和质量控制，进行合同管理和信息管理，协调有关单位间的工作关系，也就是说，它应该实施全面质量管理，它的工作核心是规划、控制和全面组织，它的基本组织系统如图 3-2 所示。

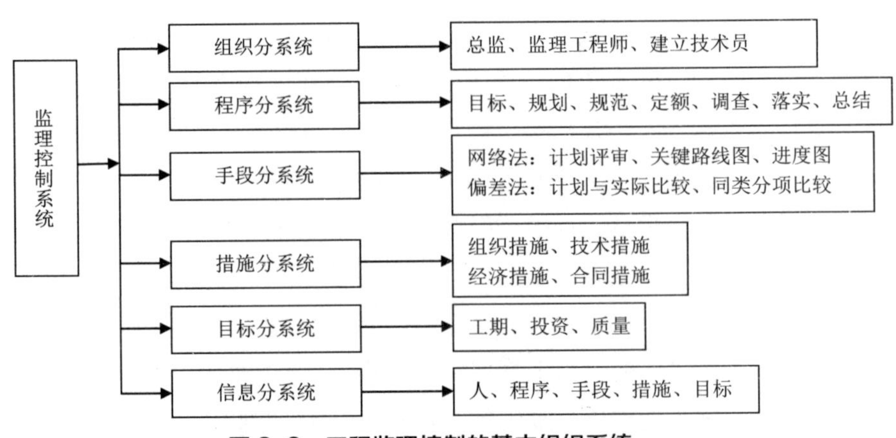

图 3-2　工程监理控制的基本组织系统

由于全面质量管理是全过程的管理，就是从建设单位完全满意角度出发，使承建者各部门综合进行开发，保证和改进质量，最经济地进行生产和服务。岩土工程建设的质量管理主要包括勘察设计过程的管理、施工过程的质量管理和辅助过程的质量管理等各个环节。各个环节从计划、实施、检查、处理等各个分阶段形成“大圈（对承建者整体可划大圈循环）套小圈（对各部门又有各自范围的小圈循环）”的循环工作是全面质量管理的基本方法。这种方法称为 PDCA（Plan-Do-Check-Action，计划—实施—检查—处理）循环的工程管理方法。它是 ISO9000 族标准中的一个核心内容，以戴明博士的理论（戴明循环）为依据。它既是工作方法，又是工作程序，它可以通过不断循环使质量不断提高。

综上所述，岩土工程的勘察、设计、施工、检测甚至管理是性质任务不同，但却是密切相关、彼此渗透、缺一不可的整体。对于岩土工程来说，在它们之间有着比其他工程更加明显而强烈的相互依赖性。正如本章一开始所提到的，在勘察、设计、施工、检测甚至管理之间建立“你中有我，我中有你”这种整体系统的思想具有非常重要的实际意义。

第四章　工程地质测绘和调查

工程地质测绘和调查是岩土工程勘察的技术方法之一。通过搜集资料、调查访问、踏勘地质测量、描绘等基础地质方法和遥感影像判释、地理信息系统（GIS）、全球卫星定位系统（GPS）等新技术、新方法，获取与工程建设直接或间接相关的各种地质要素和岩土工程资料，并把这些资料反映在标准地形底图或地质图上，为初步评价建设场地工程地质环境及场地稳定性、工程地质分区、合理布置勘察工作量提供依据。对于工程地质测绘的定义为：采用搜集资料、调查访问、地质测量、遥感解译等方法，查明场地的工程地质要素，并绘制相应的工程地质图件。通常对岩石出露或地貌、地质条件较复杂的场地应进行工程地质测绘；对地质条简单的场地，可采用调查代替工程地质测绘。在可行性研究勘察阶段和初步勘察阶段，工程地质测绘和调查能发挥其重要的作用。在详细勘察阶段，可通过工程地质测绘和调查对某些专门地质问题（如滑坡、断裂等）作补充调查。

第一节　工程地质测绘和调查的范围、比例尺、精度

在工程地质测绘和调查之前，必须先确定其范围，选择合理的比例尺，这也是保证测绘精度的基础。

一、工程地质测绘和调查的范围

工程地质测绘和调查应包括场地及其附近地段。

工程地质测绘一般不像地质测绘那样按照图幅逐步完成全国的区域性测绘，而是根据规划与设计建筑物的要求，在与该项工程活动有关的范围内进行。测绘范围大些就能观察更多的天然露头和剖面，有利于更好地了解区域工程地质条件；但同时却增大了测绘工作量，提高了工程造价。可见，选定合适的测绘范围是一个很重要的问题。选择的依据一方面是设计建筑物的类型、规模及设计阶段，另一方面是区域地质条件

的复杂程度及其研究程度。所以，工程地质测绘与调查的范围应包括工程建设场地及其附近地段。

建筑物的类型、规模不同，与自然地质环境相互作用的广度和强度也就不同。例如对于大型水利枢纽工程，由于水文地质条件急剧改变，往往引起大范围内自然地理和地质条件的变化，由此会导致生态环境的破坏，影响到水利工程本身的效益及稳定性。对此类建筑物的测绘范围，应包括水库上、下游，甚至上游的分水岭地段和下游的河口地段的较大范围。而房屋建筑和构筑物一般仅在小范围内与地质环境发生作用，通常不需要进行大面积工程地质测绘和调查。

工程地质测绘范围应随着岩土工程勘察阶段的提高而减小。工程地质条件愈复杂，研究程度愈差，工程地质测绘和调查的范围就愈大。一种情况是场地内工程地质条件非常复杂；另一种情况是场地内工程地质条件比较简单，但场地附近有危及建筑物安全的不良地质作用存在。如山区的城镇和厂矿企业往往兴建于地形比较平坦开阔的洪积扇上，场地本身工程地质条件较简单，可一旦泥石流暴发则有可能摧毁建筑物及其他设施。此时工程地质测绘范围应将泥石流形成区包括在内。这两种情况必须适当扩大工程地质测绘和调查的范围，否则就可能给整个工程带来灾难。当拟建场地或其邻近地段内有其他地质研究成果时，应予以充分利用，此时工程地质测绘和调查的范围可适量减小。

二、工程地质测绘和调查的比例尺

工程地质测绘和调查应紧密结合工程建设的规划、设计要求进行，所以比例尺的选择主要取决于设计建筑物类型、设计阶段和工程建筑所在地区条件的复杂程度以及研究程度。其中设计阶段的要求起最重要的作用。随着设计阶段的提高，建筑场地的位置越来越具体、范围越来越缩小，而对地质条件的详细程度的要求越来越高。所以，所采用的测绘比例尺就需要逐步加大。

参照《岩土工程勘察规范》（GB50021—2001）（2009 版），工程地质测绘的比例尺可根据勘察阶段不同，按以下选取：

（1）可行性研究勘察阶段，选用 1 ∶ 5000 ~ 1 ∶ 50000，属中、小比例尺；

（2）初步勘察阶段，选用 1 ∶ 2000 ~ 1 ∶ 10000，属大、中比例尺；

（3）详细勘察阶段，选用 1 ∶ 200 ~ 1 ∶ 2000，属大比例尺。

（4）当工程地质条件复杂时，比例尺可适当放大，以利解决某一特殊的岩土工程问题。对工程有重要影响的地质单元（滑坡、断层、软弱夹层、洞穴、泉等），可采用扩大比例尺表示。

三、工程地质测绘和调查的精度

工程地质测绘和调查的精度包括野外观察、调查、描述各种工程地质条件的详细程度和各种地质条件，如岩层、地貌单元、自然地质现象、工程地质现象等在地形底图上表示的详细程度与精确程度，显然，这些精度必须与图的比例尺相适应。

传统上，野外观察、调查、描述各种地质条件的详细程度用单位测试面积上观测点数目和观测路线长度来控制。不论其比例尺多大，都以图上每 1cm 内一个点来控制平均观测点数目。当然其布置不是均布的，而应是复杂地段多些，简单地段少些，且都应布置在关键点上。例如各种单元的界线点、泉点、自然地质现象或工程地质现象点等。测绘比例尺增大、观测点数目增多而天然露头不足，则必须以人工露头来补充，所以测绘时须进行剥土、探槽、试坑等轻型勘探工程。地质观测点的数量以能控制重要的地质界线并能说明工程地质条件为原则，以利于岩土工程评价。为此，要求将地质观测点布置在地质构造线、地层接触线、岩性分界线、不同地貌单元及微地貌单元的分界线、地下水露头以及各种不良地质作用分布的地段。观测点的密度应根据测绘区的地质和地貌条件、成图比例尺及工程特点等确定。一般控制在图上的距离为 2 ~ 5cm。例如在 1 ∶ 5000 的图上，地质观测点实际距离应控制在 100 ~ 250m 之间。此控制距离可根据测绘区内工程地质条件复杂程度的差异并结合对具体工程的影响而适当加密或放宽。在该距离内应做沿途观察，将点、线观察结合起来，以克服只孤立地做点上观察而忽视沿途观察的偏向。当测绘区的地层岩性、地质构造和地貌条件较简单时，可适当布置“岩性控制点”，以备检验。《岩土工程勘察规范》（GB50021—2001）（2009 版）中对地质观测点的布置、密度和定位要求如下：

（1）对地质构造线、地层接触线、岩性分界线、标准层位和每个地质单元体应有地质观测点。

（2）地质观测点的密度应根据场地的地貌、地质条件、成图比例尺和工程要求等确定，应具代表性。

（3）地质观测点应充分利用天然和已有的人工露头，当露头少时，应根据具体情况布置一定数量的探坑或探槽。

（4）地质观测点的定位应根据精度要求选用适当方法；地质构造线、地层接触线、岩性分界线、软弱夹层、地下水露头和不良地质作用等特殊地质观测点，宜用仪器定位。

为了保证各种地质现象在图上表示的准确程度，《岩土工程勘察规范》（GB50021—2001）（2009 版）要求：地质界线和地质观测点的测绘精度，在图上不应低于 3mm。水利、水电、铁路等系统要求不低于 2mm。

地质观测点的定位标测，对成图的质量影响很大。根据不同比例尺的精度要求和工程地质条件的复杂程度，地质观测点一般采用的定位标测方法有四种。

（1）目测法，适于小比例尺的工程地质测绘，该法系根据地形、地物以目估或步测距离标测。

（2）半仪器法，适用于中等比例尺的工程地质测绘，它是借助于罗盘仪、气压计等简单的仪器测定方位和高度，使用步测或测绳量测距离。

（3）仪器法，适于大比例尺的工程地质测绘，即借助于经纬仪、水准仪等较精密的仪器测定地质观测点的位置和高程；对于有特殊意义的地质观测点，如地质构造线、不同时代地层接触线、不同岩性分界线、软弱夹层、地下水露头以及不良地质作用发育点等，均宜采用仪器法。

（4）卫星定位系统（GPS），满足精度条件下均可应用。

为了达到上述规定的精度要求，野外测绘填图中通常采用比提交成图比例尺大一级的地形图作为填图的底图。例如，进行比例尺为 1 ： 10000 的工程地质测绘时，常采用 1 ： 5000 的地形图作为野外作业填土底图，外业填图完成后再缩成 1 ： 10000 的成图作为正式成果。

第二节　工程地质测绘和调查的内容

工程地质测绘和调查，应综合研究各种地质条件，与岩土工程紧密结合。调查、量测自然地质现象和工程地质现象，预测工程活动与地质环境之间的相互作用，即应着重针对岩土工程的实际问题。

一、地形、地貌

查明地形、地貌特征及其与地层、构造、不良地质作用的关系，划分地貌单元。地形、地貌与岩性、地质构造、第四纪地质、新构造运动、水文地质以及各种不良地质作用的关系密切。地貌是岩性、构造、新构造运动和近期外动力地质作用的结果。研究地貌可以判断岩性、地质构造及新构造运动的性质和规模，搞清第四纪沉积物的成因类型和结构，并据此了解各种不良地质作用的分布和发展演化历史、河流发育史等。相同的地貌单元不仅地形特征近似，且其表层地质结构、水文地质条件也往往相同，还常常发育着性质、规模相同的自然地质作用。因此在平原区、山麓地带、山间盆地以及有松散沉积物覆盖的丘陵区进行工程地质测绘和调查时，应着重于地形地貌，并以地貌作为工程地质分区的基础。

工程地质测绘和调查中，地形地貌研究的内容有：

（1）地貌形态特征、分布和成因。

（2）划分地貌单元。

（3）地貌单元形成与岩性、地质构造及不良地质作用等的关系。

（4）各种地貌形态和地貌单元的发展演化历史。

在大比例尺工程地质测绘中，还应侧重于微地貌与工程建筑物布置以及岩土工程设计、施工关系等方面的研究。

在山前地段和山间盆地边缘广泛发育洪积扇地貌。大型洪积扇面积可达几十甚至上百平方千米，由于洪积物在搬运过程中的分选作用，洪积土颗粒呈现随离山由近到远，颗粒由粗到细的现象，因此，把洪积扇由靠近山前到远离山前分为上、中、下3个区段。每一区段的地质结构和水文地质条件不同，因此建筑适宜性和可能产生的岩土工程问题也各异。洪积扇的上部以烁石、卵石和漂石为主，强度高而压缩性小，是房屋建筑和构筑物的良好天然地基，但由于渗透性强，若建水工建筑物则可能会产生严重渗漏；中部以砂土为主，夹有粉土和黏性土的透镜体，易产生渗透性变形问题；中部与下部过渡地段由于岩性变细，地下水埋藏浅，往往有溢出泉和沼泽分布，承载力低而压缩性大，不宜作为一般房屋建筑物地基；下部主要分布黏性土和粉土，且有河流相的砂土透镜体，地形平缓，地下水埋藏较浅，若土体形成时代较早，也可作为房屋建筑较理想的天然地基。

平原地区的冲积地貌，应区分出河床、河漫滩、牛轭湖和阶地等各种地貌形态。不同地貌形态的冲积物分布和工程性质不同，其建筑适宜性也各异。河床相沉积物主要为砂烁土，将其作为房屋地基是良好的，但作为水工建筑物地基时将会产生渗漏和渗透变形问题。河漫滩相一般为黏性土，有时有粉土和粉、细砂夹层，土层厚度较大，也较稳定，一般适宜做各种建筑物的地基，但需注意粉土和粉、细砂层的渗透变形问题。牛轭湖相是由含有大量有机质的黏性土和粉、细砂组成的，并常有泥炭层分布，土层的工程性质较差，也较复杂。对阶地的研究，应划分出阶地的级数，查明各级阶地的高程、相对高差、形态特征以及土层的物质组成、厚度和性状等，进一步研究其建筑适宜性和可能产生的岩土工程问题。例如，成都市区主要位于江支流府河的阶地上，一级阶地表层粉土厚 0.7 ~ 0.4m，其下为早期的砂烁石层，厚 28 ~ 100m，地下水埋深 1 ~ 3m；二级阶地表层黏土厚 5 ~ 9m，下为砂烁石层，地下水埋深 5 ~ 8m；三级阶地地面起伏较大，上部为厚达 10 余米的成都黏土和网纹状红黏土，下部为粉质黏土充填的烁石层。成都黏土属膨胀性土，一般在其上修建的低层建筑的基础和墙体易开裂，渠道和道路路堑边坡往往容易产生滑坡。

二、地层岩性

工程地质测绘和调查对地层岩性的研究包括：

（1）岩土的地层年代。

（2）岩土层的成因、分布、性质和岩相。

（3）岩、土层的层序、接触关系、厚度及其变化规律。

(4) 对岩层应鉴定其风化程度，对土层应区分新近沉积土、各种特殊土。

在不同比例尺的工程地质测绘中，地层年代可利用已有的成果或通过寻找标准化石、做孢子花粉分析确定。此外，选择填图单位时，应注意寻找标志层（指岩性、岩相、层位和厚度都较稳定，且颜色、成分和结构等具有特征标志，地面出露又较好的岩土层，如黄土地区的古土层），按比例尺大小确定。

三、地质构造

地质构造决定区域稳定性（尤其是现代构造活动与活断层），它限定了各种性质不同的岩土体的空间位置、地表形态、岩体的均一性和完整性以及岩体中各种软弱结构面的位置，它是选择工程建设场地的主要依据，亦是评价岩土体稳定性的基础因素。

工程地质测绘和调查对地质构造研究的内容包括：

（1）岩体结构类型，岩层的产状及各种构造形式的分布、形态和规模。

（2）各类结构面（尤其是软弱结构面）的产状及其性质，包括断层的位置、类型、产状、断距破碎带宽度及充填胶结情况。

（3）岩、土层接触面和软弱夹层的特性。

（4）新构造活动的形迹及其与地震活动的关系。

在工程地质测绘与调查中，对地质构造的研究，必须运用地质历史分析和地质力学的原理与方法，才能查明各种构造结构面（带）的历史组合和力学组合规律。既要对褶皱、断裂等大的构造形迹进行研究，又要重视节理、裂隙等小构造的研究。尤其在大比例尺工程地质测绘中小构造研究具有重要的实际意义。节理、裂隙泛指普遍、大量地发育于岩土体内各种成因的延展性较差的结构面，其空间展布数米至二三十米，无明显宽度。如构造节理、劈理、原生节理、层间错动面、卸荷裂隙、次生剪切裂隙等均包括在内。

节理、裂隙工程地质测绘和调查的主要内容有：①节理、裂隙的产状、延展性、穿切性和张开性；②节理、裂隙面的形态、起伏差、粗糙度、充填胶结物的成分和性质等；③节理、裂隙的密度。

节理、裂隙必须通过专门的测量统计，查明占主导地位的节理、裂隙的走向及其组合特点分布规律和特性，分析它们对工程的作用和影响。

四、水文地质条件

工程地质测绘和调查对水文地质条件研究的主要目的就是为解决和防治与地下水活动有关的岩土工程问题及不良地质作用提供资料，因此，应从岩性特征、地下水露头的分布、性质水量、水质入手，搜集气象、水文、植被、土的标准冻结深度等资料，调查最高洪水水位及其发生时间、淹没范围，查明地下水类型，补给来源及排泄条件，井、泉的位置，含水层的岩性特征、埋藏深度、水位变化、污染情况及其与地表水体的关系等。

对其中泉、井等地下水的天然和人工露头以及地表水体的调查，应在测区内进行普查，并将它们标测于地形底图上。对其中有代表性的以及与岩土工程有密切关系的水点，还应进行详细研究，布置适当的监测工作，以掌握地下水动态和孔隙水压力变化。

五、不良地质作用

不良地质作用直接影响工程建筑的安全、经济和正常使用。在工程地质测绘和调查时，对测区内影响工程建设的各种不良地质作用的研究，其目的就是要发现不良地质作用与地层岩性、地质构造、水文地质条件等的关系，为评价建筑场地的稳定性提供依据，并预测其对各类岩土工程的不良影响。

研究不良地质作用要以地层岩性、地质构造、地貌和水文地质条件研究为基础，搜集气象、水文等自然地理因素资料。研究内容包括查明岩溶、土洞、滑坡、崩塌、泥石流、冲沟、地面沉降、断裂、地震震害、地裂缝、岸边冲刷等不良地质作用的形成、分布、形态、规模、发育程度并分析它们的形成机制，促使其发育的条件和发展演化趋势，预测其对工程建设的影响。

六、人类工程活动

《岩土工程勘察规范》(GB50021—2001)(2009版)中重点强调了工程地质调查对人类工程活动影响场地稳定性的研究。调查人类工程活动对场地稳定性的影响，包括人工洞穴、地下采空、大挖大填、抽水排水及水库诱发地震等。

人工洞穴、地下采空引起地表塌陷，过量抽取地下承压水导致地面沉降，水库蓄水诱发地震、引起库岸坍塌再造，引水渠道渗漏引发斜坡失稳，等等，使地质环境恶化，对建设场地的稳定性带来不利影响。因此，在工程建设之前，通过工程地质调查，查明和发现人类工程活动与地质环境的相互制约、相互影响的关系，就能预测和主动控制某些工程地质作用的发生，这也是岩土工程地质勘察的任务之一。

七、对已有建筑物的调查

对工程建筑区及其附近已有建筑物的调查，是工程地质测绘和调查的特有内容。调查当地已有建筑物的结构类型、基础形式和埋深，施工季节和施工时的环境，建筑物的使用过程，建筑物的变形损坏部位，破裂机制及其时间、发展过程，建筑物周围环境条件的变化和当地建筑经验，分析已有建筑物完好或损坏的原因等，都极大地有利于岩土工程的分析、评价和整治。

某一地质环境内已有建筑物都应被看作是一项重要的试验，研究该建筑物是否“适应”该地质环境，往往可以得到很多在理论方面和实践方面都极有价值的资料。通过这种研究就可以划分稳定地段，判明工程地质评价的正确性，评估和预测使建筑物受到损害的各种地质作用的发展情况。

对已有建筑物调查，不能仅限于研究个别受损害的建筑物，而应调查区内所有建筑物。

1. 调查的主要内容

（1）观察描绘其变形，并绘制草图。

（2）研究技术文献，了解其结构特征。

（3）通过直接观察区内的地质条件，查阅以往勘察资料、施工编录，或通过访问，了解建筑物所处的地质条件。

（4）根据建筑物结构特征、所处地质环境、出现的变形现象，分析变形的长期观测资料，以判定变形原因。

2. 具体调查工作

（1）建筑物位于不良的地质环境内，且有变形标志。此时应查明不良地质因素在什么条件下有害于哪一类建筑物，并调查各种防护措施的有效性，以便寻求更有效的防护措施。例如，成都市Ⅱ级阶地上的低层房屋往往出现开裂现象，且开裂往往地区性地成群出现，裂缝有其特殊性。角端裂缝常表现为山墙上的对称或不对称的倒“八”字形，有时山墙上还出现上大下小分枝或不分枝的竖向裂缝。纵墙上有水平裂缝，同时伴有墙体外倾等现象。经分析研究，其变形原因是由于成都Ⅲ级阶地上的表层黏土属膨胀土，随着季节变化，土的含水量发生较大变化而产生膨胀变形，使建筑物的不同部位产生不均匀沉降变形所致。调查发现，凡属深埋达 1.5m 以上者极少产生开裂，采用护壁等措施不能制止墙体开裂发展，只有加深基础砌置深度才是防治膨胀土地基上建筑物开裂的有效措施。

（2）建筑物位于不良地质环境中，但无变形标志。在调查时就应查清是否由于采用了特殊结构，或是以往对工程地质条件的危害性做了过分的评价。这些资料对场地的利用及建筑结构的设计有很重要的意义。

（3）建筑物位于有利的地质环境中，有变形标志。这时就必须首先查明是否由于建筑材料质量或工程质量不良而造成，以证实分析自然历史因素所得的工程地质评价是否正确。通过这种分析，往往可以发现施工方法以及组织方面的缺陷。如果不是由于以上原因产生变形，就需要进一步研究地质条件，发现某些隐蔽的不良地质条件。例如，对西安隐伏地裂缝带上建筑物墙体、地基变形破坏特征的调查分析，就可确定隐伏地裂缝的走向及影响带范围，也可根据建筑物变形或破坏成群出现的规律，发现埋藏的游泥层。

（4）建筑物位于有利的地质环境内，无变形标志。在这种情况下仍需研究是否这些建筑物采用了特殊结构，使其强度大大提高，以至于把某些不利的地质条件隐蔽起来了。

通过以上调查分析，可以更加具体地评价建筑区的工程地质条件，对建筑物的可能变形做出正确预测，减少勘探和试验工作量，使建筑物的设计更合理。

第三节　工程地质测绘和调查的方法、程序、成果资料

一、工程地质测绘和调查的方法

工程地质测绘和调查的方法与一般地质测绘相近，主要是沿一定观察路线做沿途观察和在关键地点（或露头点）上进行详细观察描述。选择的观察路线应当以最短的线路观测到最多的工程地质条件和现象为标准。在进行区域较大的中比例尺工程地质测绘时，一般穿越岩层走向或横穿地貌、自然地质现象单元来布置观测路线。大比例尺工程地质测绘路线以穿越走向为主布置，但须配合以部分追索界线的路线，以圈定重要单元的边界。在大比例尺详细测绘时，应追索走向和追索单元边界来布置路线。

在工程地质测绘和调查过程中，最重要的是要把点与点、线与线之间观察到的现象联系起来，克服孤立地在各个点上观察现象、沿途不连续观察和不及时对现象进行综合分析的偏向。也要将工程地质条件与拟进行的工程活动的特点联系起来，确切预测两者之间相互作用的特点。此外，还应在路线测绘过程中就将实际资料、各种界线

反映在外业图上，并清绘在室内底图上，及时整理，发现问题和进行必要的补充观测。

工程地质测绘和调查的具体方法可归纳为以下几点：

1. 工程地质测绘和调查的基本方法（表 4-1）

表 4-1　工程地质测绘的基本方法

基本方法	说明
路线穿越法	垂直穿越地貌单位、岩层和地质构造线走向，能较迅速地了解测区内各种地质界线、地貌界线、构造线、岩层产状及各种不良地质作用等位置，常用于各类比例尺测绘
追索法	沿地层、构造和其他地质单位界线逐条追索并将界线绘于图上，地表可见部分用实线表示，推测部分用虚线表示，这种方法多用于中、小比例尺测绘
布点法	根据地质条件复杂程度的不同的比例尺，预先在图上布置一定数量的地质点，对第四系地层覆盖地段，必须要有足够的人工露头点，以保证测绘精度，适用于大、中比例尺测绘

表 4-2　地貌测绘分析方法

分析方法	说明
形态分析法	观察描述各地貌单位的形态，尽可能直接测量其形态要素（长度、宽度、坡度、相对高度等），并辅以照相、素描和室内分析绘图等来判识地貌组合依存关系，揭示其发生发展规律
沉积物和分析法	根据地貌发育过程和相关沉积物的特征，来确定其发育的地理环境和地质作用过程，而沉积物中保存下来的化石、同位素元素和古地磁等信息，可确定地貌形成的时代
动力分析法	通过对地貌形态特征、微地貌的组合关系、相关堆积物的结构构造、生物化石、地球化学元素的迁移等来分析地貌发育的外动力地质作用，通过对地貌发育过程多层地貌和新构造形迹研究，分析内动力地质作用的性质和变化幅度

3. 岩体结构面测量统计方法

岩体结构面测量包括地层与构造的产状测量和节理、裂隙的统计两部分。

地层与构造的产状通常用地质罗盘测定，当倾角太小或确定困难时，可采用“三点法”“V 字形法则”确定。

节理、裂隙统计应首先选择统计地点。一般应选在不同构造单元或地层岩性的典型地段如研究褶皱或断层时，可在褶皱轴、两翼、倾伏端等处或断层两侧一定距离内布点；评价岩体和定性时，应在工程建设范围内岩体结构最不利岩体稳定的地段布点。其次是确定统计数量每个统计点，节理、裂隙统计数量为 80 ~ 100 个。最后，绘制节理、裂隙统计图，常用的统计图有裂隙玫瑰图、裂隙极点图、裂隙等密度图或等值线图。

4. 地质点标测方法

地质观测点的定位标测，对成图质量影响很大，常用表 4-3 所列方法。

5. 观测记录、素描与采集标本

（1）观测记录应注明工作日期、天气、工作人员、工作路线、观测点编号与位置、类型。

（2）对露头点的工程地质、水文地质条件、地貌和不良地质作用进行描述，对地层、构造产状及节理、裂隙进行测量与统计，对有代表性的地质现象进行素描或摄影，并标注有关说明。

表 4-3 地质点的标测方法

方法		仪器设备	说明	适用比例尺
目测法			利用地形图上地形地物的特点估测地质点位置	≤1 ：25000
半仪器法	交会法	罗盘仪	选择3个明显地形地物点，用罗盘仪测出地质点相应的3个方位角，在地形图上画出上述方位角，这三条线之交点即为地质点	1 ：25000~1 ：5000
	导线法	罗盘仪测绳	选择与地质点相邻的三角点、水准点、地物点为基点，罗盘仪侧方位，测绳量距离，对地质点进行位置标测	
		气压计	用气压计测高程、结合地形地位进行地质点位置标测	
仪器法		经纬度 水准仪 全站仪	用经纬仪、水准仪、全站仪等测定地质点位置和高程	≥1 ：5000
卫星定位系统（GPS）			满足精度的条件下均可应用	

（3）采集各类岩、土样品和岩（化）石标本，进行分类编号，注明产地、层位及有关说明，并妥善保管。

（4）对天然露头不能满足观测要求而又对工程评价有重要意义的地段，应进行人工露头或必要的勘探工作。

二、工程地质测绘和调查的程序

（1）阅读已有的地质资料，明确工程地质测绘和调查中需要重点解决的问题，编制工作计划。

（2）利用已有遥感影像资料，如对卫星照片、航测照片进行解译，对区域工程地质条件做出初步的总体评价，以判明不同地貌单元各种工程地质条件的标志。

（3）现场踏勘。选定观测路线，选定测制标准面的位置。

（4）正式测绘开始。

测绘中随时总结整理资料，及时发现问题，及时解决，使整个工程地质测绘和调查工作目的更明确，测绘质量更优，工作效率更高。

三、工程地质测绘和调查的成果资料

工程地质测绘和调查的成果资料，包括实际材料图、综合工程地质图、工程地质分区图、综合地质柱状图、工程地质面图以及各种素描图、照片和文字说明等。

第四节 遥感影像在工程地质测绘中的应用

遥感是一种远距离的、非接触的目标探测技术方法。通过搭载在遥感平台（如航摄飞机、人造地球卫星）上的传感器，接受从目标反射和辐射来的电磁波，以探测和获得目标信息，然后对所获取的信息进行加工处理，从而实现对目标进行定位、定性或定量的描述。随着传感器技术、遥感平台技术、数据通信技术等相关技术的发展，遥感技术已经进入了一个能够动态、快速、准确、多手段提供多种地质观测数据的新阶段。现代遥感技术的显著特点是尽可能地集多种传感器、多级分辨率、多谱段和多时相技术于一身，并与全球定位系统（GPS）、地理信息系统（GIS）、惯性导航系统（INS）等高技术系统相结合，以形成智能型传感器。我国利用航空遥感技术测制地形图已形成了完备的教学、科研和生产体系。国际上已相继推出了一批高水平的遥感影像处理商业软件包。所有这些都使遥感技术的应用领域不断扩大。在岩土工程勘察的工程地质测绘和调查中，如陆地卫星照片、航空照片、热红外航空扫描图像等遥感影像的应用也更加广泛。

一、遥感技术在工程地质测绘和调查中应用的目的、任务和要求

遥感技术主要用在可行性研究（选址、选线）阶段的中、小比例尺工程地质测绘和调查中。其主要目的是为结合工程地质地面测绘，研究拟建场地的地貌、地层、岩性、地质构造、水文地质条件及不良地质作用，初步评价场地工程地质条件、环境工程地质条件。在大型（或甲级）岩土工程勘察中，遥感影像判释结果还可作为拟定岩土工程勘察方案的依据。遥感影像判释的基本任务为：①获取常规地面测绘和调查难以取得的某些工程地质、环境工程地质信息；②从遥感影像中全面取得勘察区的有关信息，解释场地的工程地质、环境工程地质条件。

在工程地质测绘和调查中，利用遥感影像判释结果可以节省地面测绘和调查的工作量，也可以校正或填补所填绘的各种地质体或地质现象的位置范围，提高工程地质测绘和调查的精度。

遥感影像的比例尺一般参照如下要求：

（1）航片的比例尺与地面填图比例尺接近。当搜集的航片比例尺过小，而填图面积又不大时，航片可放大使用。航片放大不宜超过 4 倍。

（2) 陆地卫星 MSS 图像可选用不同时期、不同波段的 1 ∶ 500000 或 1 ∶ 200000 的黑白图像以及彩色合成或其他增强处理的图像。陆地卫星的 TM 图像一般放大到 1 ∶ 20000 ～ 1 ∶ 100000。

（3）热红外图像的比例尺不小于 1：30000。

二、遥感影像判释的原理及标志

1. 判释原理

卫星照片、航空照片、热红外航空扫描图实际上都是按一定比例尺缩小了的自然景观的综合影像图。各种不同的地质体或地质现象由于有不同的产状、结构、物化特性，并受到不同程度的内外动力地质作用而形成各种形态的自然景观。这些自然景观的直接映像就是色调、形态各具特点的影像，分析其中包含的地质信息，就能判释区分各地质体或地质现象。

2. 直接判释标志

带有地质信息的各种影像数据特征称为判释标志。能直接反映出地质体或地质现象属性的影像特征称为直接判释标志，如色调、形状、形式、结构、阴影和一些相关体等等。不能直接反映只能间接分析出地质体或地质现象的影像特征称为间接判释标志，如水系、地貌形态、人类活动特征。

直接判释标志包括形状、大小、色调、阴影、反射差及地表面图形。

形状是地物的外部轮廓在影像上的反映。比例尺越大，反映的地物形状越清楚。影像上地物形状除了与地物本身形状和所处的位置有关外，还与传感器的成像机理、成像方式有关。在近似垂直摄影的中心投影像片上，目标影像形状与地面上的形状基本一致。

（1）地物的影像尺寸，如长、宽、面积、体积等地物。地物大小特征主要取决于影像比例尺。

（2) 色调是由于地物反射、吸收和透射太阳辐射电磁波中的可见光部分所造成的。包括黑白影像上地质体的亮度和彩色影像上的颜色。地物的形状、大小在影像上都是通过色调表现出来的，所以色调是最基本的判释标志。色调不仅和地物本身色调有关，而且还与成像机理有关。同一地面目标在全色图像、多光谱图像、假彩色图像和真彩色图像上的色调是不一样的，如绿色植被在假彩色图像上表现为红色，而在真彩色图像上却表现为绿色。

（3）阴影分为本影和落影。本影是物体未被太阳光直接照射到的阴暗部分，它有助于获得立体感。落影是指地物投射到地面的影子，可用以测量物体的高度。当阳光与地面的夹角成 45° 时，航片上落影的长度等于物体本身的高度。落影有助于分辩物体的形状。总之，阴影的存在对地物的判释有两方面的效果：一方面阴影的存在对于判释地物的形状等几何特性非常有利，另一方面对于落在阴影中的地物进行判释增加了困难。

（4）反射差指物体对光线反射强弱的不同程度。一般反光强的地物具有浅色调，反光弱的地物具有深色调。如裸露的基岩与植被层相比，具有较大的反射差，基岩呈浅色调，植被呈深色调。

（5）地表面图形指由个体较小的地物影像所构成的花纹和图案。可以用以区分地层岩性和辨别构造。

3. 间接判释标志

对间接判释标志进行分析、研究、推理、判断可达到判释地物的目的。经常利用的间接标志有水系、地貌形态、植被、水文点、土壤、人类活动特征等。

水系的类型及其连续性是地质判释的基础之一。由于水系的发育与地貌、岩性、地质构造的关系密切，因此水系特征反映了一定的地层岩性和地质构造。对水系的分析应包括水系的密度、均匀性、沟谷形态、类型四个方面。

地貌形态反映的是地层岩性和构造的差异。一些地貌界线往往也是地质界线。

植被的疏密变化和选择性生长以及某些植被的缺失与排列情况都可以用于判释地质体或地质现象。如泥岩和页岩上的植物较砂岩和灰岩上的生长茂密；在节理或断裂方向生长的植物往往呈线性排列。

水文点主要包括小溪、河流、湖泊、沼泽、泉点、水化学异常等。在干旱和半干旱地区，这些水文点标志对地物的判释具有重要的意义。

土壤的类型、分布、颜色、含水量、影纹特征、农林垦殖活动情况，与判释有一定联系。

人类活动留下的大量痕迹，如采矿、建筑兴建水利、抽取地下水引起地面沉降等等均可作为判释的间接标志。

直接判释标志和间接判释标志是相对的，不同的判释标志可以从不同的角度反映地物的性质特征，只有综合利用判释标志才能得到正确的判释结果。

三、遥感影像判释的工作程序

利用遥感影像资料判释解译进行工程地质测绘时，搜集航空相片和卫星相片的数量，同一地区应有 2 ~ 3 套：一套制作镶嵌略图，一套用于野外调绘，一套用于室内清绘。

在初步解译阶段，对航空相片或卫星相片进行系统的立体观测，对地貌和第四纪地质进行解译，划分松散沉积物与基岩的界线，进行初步构造解译等。

第二阶段是野外踏勘和验证。核实各典型地质体在照片上的位置，并选择一些地段进行重点研究，作实测地质面和采集必要的标本。

最后阶段是成图，将解译资料、野外验证资料和其他方法取得的资料，集中转绘到地形底图上，然后进行图面结构的分析。如有不合理现象，要进行修正、重新解译或到野外复验。要求现场检验地质观测点数宜为工程地质测绘点数的 30% ~ 50%。

遥感影像判释工作主要包括以下几个程序：

1. 准备工作

（1）明确调查任务。

（2）明确调查区的位置、范围以及精度要求。

（3）搜集与成图比例尺相当的地形图、遥感影像图和工程地质、环境工程地质文字资料。对搜集到的资料检查、编录后进行分析评价，以发现存在问题，确定判释的工作任务。

（4）进行现场踏勘。

（5）提出遥感判释的工作纲要。

2. 室内判释

（1）室内判释阶段的内容。

①初步判释阶段。一般在现场踏勘前进行。基本任务是在分析已有资料的基础上，建立室内初步判释标志，对遥感影像进行判释，编制初步判释草图。

②详细判释阶段。在现场踏勘后进行。基本任务是根据踏勘时建立的详细判释标志，修订初步判释标志，再进行遥感影像的判释，编制详细判释成果图。

③综合性判释阶段。在现场工作基本完成后进行。基本任务是根据完善的判释标志，结合现场调查资料或图像处理结果，对遥感影像进行综合分析，编制最终判释成果图。

（2）建立初步判释的标志。

一般利用搜集到的地质图、地质文字资料以及以往影像判释经验，与地质体的影像对比，找出标志层或标志构造，逐步推断建立相关地质体标志。

（3）判释内容顺序。

一般按水系、地貌、地层岩性、地质构造顺序进行。判释过程应遵循由浅入深，先整体后局部，先宏观后微观，由定性到定量的原则。

3. 现场工作

现场工作可分为详判前进行的踏勘性现场工作，和详判后进行的判释成果检验的现场工作。详判前的现场工作着重用客观实际检验，修正和补充室内建立的各种判释标志；详判后的现场工作则侧重于检验判释结果和实地观察，量测在遥感影像上难以获取的工程地质要素与数据，以提高最终判释结果的质量。

现场工作的内容包括：现场建立判释标志，布置观察路线，地面观测与现场判释相结合；现场检验需补充的资料和现场工作自检、互检和验收。

4．资料整理和成图

（1）遥感图像处理。

遥感图像处理是对遥感影像判释的定量化判释，可以提高判释的质量。常用图像处理方法有光学图像增强处理和计算机数字图像处理两大类。

（2）正式成果采用的底图。

采用的底图有水系图、地形图和像片平面图 3 种。

（3）转绘成正式判释图。

把检查无误的单张像片或镶嵌图上的最终判释结果，准确地转绘到与成图比例尺相应的底图上。转绘误差不超过 1mm。

四、遥感判释的主要内容

1. 地貌

地貌是地球表面的形态表现，而遥感影像又是地球表面形态缩影的真实写照，形态逼真，能够给人们以宏观和直观的感觉，既可以进行宏观地貌的研究，又可进行微观地貌的分析，十分有利于地貌单元的划分和不同地貌类型的确定，弥补了地面测绘和调查对小型地貌、微地貌效果较好，但对宏观和中型地貌研究不足的缺陷。

地貌形态和类型通常包括山地地貌、平原与盆地地貌、流水地貌、岩溶地貌、冰川冻土地貌、风沙地貌、黄土地貌、海岸地貌等。

大量实践已经证明，利用遥感影像进行地貌判释研究，可以替代相当部分的地面填图调查工作，对宏观、中型地貌的研究提供的资料更为可靠、便捷。

2．地层岩性

地层是工程地质测绘和调查中的基础性工作，通过地层层序和接触关系可以帮助人们判断地质构造的性质。地层是由各类岩石构成的，要查明各种地质现象，就应先确定岩石的类型。

在工程地质测绘和调查中，地层岩性的确定难度最大。利用遥感影像判释就可大大改善传统地面测绘和调查中的不足。地层包括从新生代到太古代的所有地层。按国际上地层划分原则和我国地层划分现状，我国的地层划分除按国际单位命名外，有的按全国性（大区域性）和地方性地层单位名称命名，如群、阶、组、段、带等。岩性则包括岩浆岩、沉积岩和变质岩三大岩类。

利用遥感影像判释地层岩性主要是根据岩石所表现的形态、色调、节理以及水系、植被、覆盖层和人类活动痕迹等标志进行。

3. 地质结构

地质结构包括断层、活动构造、褶皱、岩层产状、地层接触关系、节理等。由于观察视野的限制，利用地面测绘和调查查明构造比较困难，而通过遥感影像观测就容易多了。比如利用遥感图像根据断层标志判释出断层后，现场只需验证 1 ~ 2 个点即可把断层的类型、位置、性质及其规模查明。

4. 不良地质作用

不良地质作用是工程地质测绘和调查的重要内容之一。地面测绘和调查方法，有较大的局限性，而利用遥感图像判释调查，可以直接按影像勾绘出范围，并确定类别和性质，同时，还可查明其产生原因、分布规律和危害程度。某些不良地质作用的发生较快，利用不同时期的遥感图像进行对比研究，往往能对其发展趋势和危害程度做出准确的判断。不良地质作用判释是工程地质判释内容中效果最好的一种，可收到事半功倍之效。

第五节　全球定位系统（GPS）在工程地质测绘中的应用

GPS 是新一代卫星导航与定位系统。随着 GPS 系统的不断成熟与完善，其在工程地质测绘领域得到广泛的应用。测绘界普遍采用了 GPS 技术，极大地提高了测绘工作效率、控制网布网的灵活性和精度。

一、GPS 在工程地质测绘中的应用原理

GPS 采用交互定位的原理。已知几个点的距离，则可求出未知所处的位置。对 GPS 而言，已知点是空间的卫星，未知点是地面某一移动目标。卫星的距离由卫星信号传播时间来测定，将传播时间乘上光速可求出距离：$R=vt$。其中，无线信号传输速度为 $v=3\times10^8$m/s，卫星信号传到地面时间为 t（卫星信号传送到地面大约需要 0.06s）。最基本的问题是要求卫星和用户接收机都配备精确的时钟。由于光速很快，要求卫星和接收机相互间同步精度达到纳秒级，由于接收机使用石英钟，因此测量时会产生较大的误差，不过也意味着在通过计算机后可被忽略。这项技术已经用惯性导航系统（INS）增强而开发出来了。工程中要测量的地图或其他种类的地貌图，只需让接收机在要制作地图的区域内移动并记录一系列的位置便可得到。

二、GPS 在工程地质测绘中的应用

GPS 的出现给测绘领域带来了根本性的变革。在工程测量方面，GPS 定位技术以其精度高、速度快、费用省、操作简便等优良特性被广泛应用于工程控制测量中。可以说，GPS 定位技术已完全取代了用常规测角、测距手段建立的工程控制网，而且正在日益发挥其强大的功能作用。如利用 GPS 可进行各级工程控制网的测量，GPS 用于精密工程测量和工程变形监测，利用 GPS 进行机载航空摄影测量等。在地质灾害监测领域，GPS 可用于地震活跃区的地震监测、大坝监测、油田下沉、地表移动和沉降监测等，此外还可用来测定极移和地球板块的运动。

三、GPS 测量的特点

GPS 可为各类用户连续提供动态目标的三维位置、三维速度及时间信息。归纳有以下主要特点：

（1）功能多、用途广。GPS 系统不仅可以用于测量、导航，还可以用于测速、测时。

（2）定位精度高。在实时动态定位（RTK）和实时差分定位（RTD）方面，定位精度可达到厘米级和分米级，能满足各种工程测量的要求。

（3）实时定位。利用全球定位系统进行导航，即可实时确定运动目标的三维位置和速度，可实时保障运动载体沿预定航线运行，也可选择最佳路线。

（4）观测时间短。利用 GPS 技术建立控制网，可缩短观测时间，提高作业效益。

（5）观测站之间无需通视。GPS 测量只要求测站 150m 以上的空间视野开阔，与卫星保持通视即可，并不需要观测站之间相互通视。

（6）操作简便，自动化程度很高。GPS 用户接收机一般重量较轻、体积较小、自动化程度较高，野外测量时仅“一键”开关，携带方便。

（7）可提供全球统一的三维地心坐标。在精确测定观测站平面位置的同时，可以精确测量观测站的大地高程。

第五章　工程勘探与取样

人类工程活动对地壳表层岩、土体的影响往往会达到某一深度，建筑工程或以岩土为材料，或与岩土介质接触并产生相互作用。岩土工程勘察，只有在查明岩土体的空间分布的基础上，才能对场地稳定性、建筑物适应性及地基土承载能力。变形特性等做出岩土工程分析评价。通过勘探揭示地下岩土体（包括与岩土体密切相关的地下水）的空间分布与变化，通过取样提供对岩土特性进行鉴定和各种试验所需的样品。因此。勘探和取样是岩土工程勘察的基本勘探手段，二者不可缺一。

第一节　钻探

钻探是岩土工程勘察中应用最为广泛的一种勘探方法。要了解深部地层并采取岩、土、水样，钻探是唯一可行的方法。

一、岩土工程钻探方法与选择

（一）岩土工程站探方法

根据破碎岩土的方法。冲洗介质的种类及循环方式。钻探设备与机具的特点，岩土工程勘察中站探的方法可主要分为回转、冲击、冲击回转、振动和冲洗几种类型。

1. 回转钻探

通过钻杆将旋转矩传递至孔底钻头，同时施加一定的轴向压力实现钻进。产生旋转力矩的动力源可以是人力或机械，轴向压力则依靠钻机的加压系统以及钻具自重。回转钻探包括硬质合金钻进。金刚石钻进、钢粒钻进、牙轮钻进、全面钻进等，但在岩土工程勘察中，土层以硬质合金钻进为主，岩层以硬质合金、金刚石钻进为主，而且需要采取大量岩土样。其钻进规程涉及地钻进参数主要有：钻压（印施加在钻头上的轴向载荷）、钻具转速、冲洗介质（清水、钻井液，压缩空气）的品质、冲洗液泵量等。若是干式无循环钻进，则只涉及钻压与钻具转速。

此外，国外使用较多的空心管连续螺旋钻也是一种回转钻头。即在空心管外壁加上连续的螺旋翼片，用大功率的钻机驱动旋入土层之中，螺旋翼片将碎屑输送至地面，提供有关地层变化的粗略信息，通过空心管则可进行取样及标准贯入试验等工作。用这种钻头可钻出直径为150~250mm的钻孔，深度可达30~50m。长面连续的钻头旋入土中后实际上也起到了护壁套管的作用。

2. 冲击钻探

利用钻具自重冲击破碎孔底实现钻进。破碎后的岩粉、岩屑由循环液冲出地面，也可以采用抽砂筒（或称掏砂筒）提出地面。冲击钻头有“一”字形。”十字形等多种可通过钻杆或钢丝绳操纵。其中，钢丝绳冲击钻进使用较为广泛。钢丝绳冲击钻进的规程如下：

（1）钻具重量，钻具重量等于钻头、钻杆与绳卡的重量之和。不同性质岩土体应选取合适的单位刃长上钻具重量。

（2）岩粉密度。岩粉密度直接影响钻进效率，岩粉密度大，影响钻具下降加速度，对破岩不利，若过低，则岩屑留在孔底形成岩粉垫，使钻头不易接触孔底，钻进效率低。通常通过控制掏砂间隔和数量来调整岩粉密度。冲击钻进可应用于多种土类以至岩层，对卵石、碎石、漂石、块石尤为适宜。在黄土地区，一种近于冲击钻探的用重性锤击取样管进入土层的锤击钻探使用也较广。

3. 冲击回转钻探

冲击回转钻探是在钻头承受一定静载荷的基础上。以竖向冲击力和回转切削力共同破碎岩土体的钻探方法。一种类型是顶驱式：在钻杆顶部用风动、液动或电动机构实现冲击，并同时回转钻杆、实现钻进；另一种是潜孔式；用液力或气力驱动孔底的冲击器，产生冲击力。同时由地面机构施加轴向压力和回转扭矩，实现钻进。其中潜孔式冲击回转钻探世称为潜孔钻进。钻探深度不受限制，除在硬和坚硬基岩中（如大型水利水电工程地质勘察）应用外，在砂卵石层、漂石层钻进更有优势。按使用动力的介质性质分为液动冲击回转钻（液动潜孔锤）和气动冲击回转钻（气动潜孔锤）。其中的气动冲击回转钻探方法多用于无水或缺水地区。

潜孔锤钻进用钻头领承受较大的动载荷及摩擦作用，因此要求钻头体具有较高的表面硬度和较好的耐磨性及足够的冲击韧性。常用的主要有两种：刃片钻、头和柱齿钻头。刃片钻头用于软岩钻进，柱齿钻头用于硬岩钻进。

4. 振动钻探

通过钻杆将振动器激发的振动力迅速传递至孔底管状钻头周围的土中，使土的抗剪阻力急剧降低，同时在一定轴向压力下使钻头贯入土层中，这种钻进方式能取得较有代表性的鉴别土样，且钻进效率高，常用于黏性土层、砂层以及粒径较小的卵石、碎石层。但这种钻进方式对孔底扰动较大，往往影响高质量土样的采取。

振动钻进的工艺参数主要有：

（1）振动频率。振动器必须有一定的振动频率才能实现钻进。振动频率越高，钻具的振幅越大，钻进的深度也就越深。但振动频率不能选择过高。

（2）振幅。振幅是影响钻具的重要因素，只有当振幅超过起始振幅时，钻头才能切入岩土层。振幅随振动频率、钻具断面尺寸和地层条件而变化。

（3）偏心力矩。与振动器偏心轮的质量有关。增大偏心力矩，能在密实坚硬的土层中钻进，但偏心力矩不能过大。否则过大的振动器质量会引起上部钻杆变形。

（4）回次长度。是一个人为控制的参数，在实际钻进中，等取样管全部装满才结束回次是不合理的。为了提高回次钻速必定存在最优回次长度。

5. 冲洗钻探

通过高压射水破坏孔底土层实现钻进。土层破碎后随水流冲出地面。这是一种简单快速、成本低廉地钻进方法、适用于砂层、粉土层和不太坚硬的黏性土层，但冲出地面的粉屑往往是各土层物质的混合物、代表性很差，给地层的判断划分带来困难。故该方法主要用于查明基岩起伏面的埋藏深度。针对具体工程及岩土层情况，应选择合适有效的钻探方法。

（1）在岩土工程勘察中，土层的钻探一般应考虑以下要求：

1）选择符合土层特点的有效钻进方式。

2）能可靠地鉴别地层、鉴定土层名称、天然重度和湿度状态，推确判定分层深度、观测地下水位。

3）尽量避免成减轻对取样段的扰动。

根据大量工程实践经验，岩土工程勘察中，工程钻探应优先选择回转钻探方法，其次是冲击回转钻探。冲击钻探（或锤击钻探）、冲洗钻探。在滑坡及混陷性土层、膨胀性土层中钻进，应注意采用干式无循环钻探方法或优质泥浆的有循环钻探方法。

（2）在岩土工程勘察中，基岩钻探方法选择主要考虑以下几方面要求：

1）岩石坚硬程度、风化等级、裂缝情况、钻进效率和岩心采取率。

2）冲洗液，护壁堵漏。

基岩工程勘察钻探具体情况以选择冲击回转，回转钻探为主，以冲击钻探为辅。

3）岩土工程钻探有以下规定：

①钻探直径和钻具规格应符合现行国家标准的规定。成孔口径应满足取样测试和钻进工艺的要求。采取原状土样的钻孔，孔径不得小于 91mm；仅需鉴别地层的钻孔，口径不宜小于 36mm。

②钻进深度和岩土分层深度的量测精度，不应低于 ±5cm。

③应严格控制非连续取心钻进的回次进尺，使分层进度符合要求。

④对鉴别地层天然湿度的钻探，在地下水位以上应进行干钻，当必须加水或使用循环液时，应采用双层岩心管钻进。

⑤岩心钻探的岩心采取率。对完整和较完整岩体不应低于 80%，较破碎和破碎岩体不应低于 65%；对需重点查明的部位（滑动带、软弱夹层等）应采用双层岩心管连续取心。

⑥当需确定岩石质量指标 RQD 时，应采用 75mm 口径（N 型）双层岩心管和金刚石钻头。

⑦定向钻进的钻孔应分段进行孔斜测量；倾角和方位的测量精度应分别为 ±0.1 和 ±3.0

⑧岩土工程勘探后，钻孔（包括探井、探槽）完工后应妥善回填。

钻探操作的具体方法。应按现行标准《建筑工程地质钻探技术标准》OJGJ87）执行。

（二）常用工程勘察钻探机械设备

岩土工程勘察中钻探的主要目的是查明或获取地下岩土的性质、分布、结构等方面的地质信息与资料，采取岩土试样或进行原位测试。与大口径的基桩工程钻探比较、岩土工程勘察钻孔具有口径小、孔深大、需采取原状岩土样等特点，因此要求钻探的专门性机械一钻机除需满足钻探深度、口径和钻进速度方面的要求外，还应满足以下性能要求：第一，能按设计钻进方式钻探，具多功能性（如冲击、回转、静压等）；第二，转速低，扭矩大，能按技术标准采取原状岩土样，并能满足原位测试对钻孔的要求；第三，能适应现场复杂的地形条件、具有较好的机动性或解体性、操作简单，便于频繁移位和拆卸安装。目前，用于岩土工程勘察的钻探设备种类很多，机械化、液压化智能化程度也越来越高，基本已达一机多用。目前国内外使用的岩土工程勘察钻机可分为以下几类：

1. 简易人力钻

简易人力钻是带有三脚架或人力绞车或通过人力直接钻进的器具。包括带有三脚架的人力钻，用手提的小口径螺旋钻勺形钻、格阳铲等。带有三脚架的人力钻兼有回转。冲击功能，钻头有螺旋钻头、砸石器、抽砂筒等。简易人力钻主要适用于浅部土层和基岩强风化层钻进。因钻进效率低，劳动强度大，仅在地形复杂、机动钻机难以达到的场地或有特殊要求时使用，如基坑检验等。

2. 拖挂式（或移动式）轻型单一回转螺旋钻

冲击钻机、冲击回转两用钻机单一回转螺旋钻机，多以小型汽油机、柴油机为动力，带动机械或液压动力头进行回转钻进，用连续长，钻螺旋钻头钻进土层，用硬质合金钻头或金刚石钻头钻进岩层。轻型冲击钻机和冲击回转两用钻机的底盘和拖动轮轴连在架腿上，牵引时以钻架腿当拉杆，移动、运输十分方便，其采用机械传动、人力或液压控制，冲击时操纵钻机离合器，回转则依靠悬挂动力头或落地式转盘，能根据地层情况进行金刚石钻进或螺旋钻进。如国产的 SH-30、QP-50 等型钻机。

3. 自行式轻型或中型动力头多用车装钻机

这种类型钻机型号繁多，大都是回转钻机或复合式（多功能）钻机，有机械传动，液压操纵的半液压钻机和液压传动、液压操纵的全液压钻机两种。回转钻机中，部分采用动力头，少数采用钻柱给进或螺旋差动给进。一般能运用多种钻进方式和工艺，如回转钻进、套管跟管回转钻进、空心管长螺旋钻进等。用循环液时有冲洗液钻进，牙轮钻进、硬质合金钻进、金刚石钻进等。这类钻机机械化、液压化程度高，动力机马力大，扭矩、给进和起拔能力都很强，一般都安装在重载车上。如全液压多功能钻机 YDC-100、DPP-3 型钻机。

二、复杂地层钻探

（一）复杂地层中几种常用钻探方法

在岩土工程勘察中，会遇到各种复杂地层，如湿陷性黄土、岩帘、软土等特殊性岩土层，断层载碎带等软弱夹层、砂卵石层等。为了探明复杂地层的空间分布，埋藏情况和采取高质量岩土样品。就必须采用一些针对性很强的特殊性钻探工艺方法。

1. 跟管钻进

跟管钻进适用于松散无黏着力的砂层和软土层。所用的钻具结构主要为：合金钻头岩心管、钻杆或勺钻钻杆跟套管；管钻（有阀式）掏砂、跟套管。

钻进工艺主要是利用小于套管直径一、二级的钻头在孔内钻进，钻进一定深度将岩心管提离孔底一定高度，同时立即跟下套管，一般钻具提高不超过套管底部，防止涌砂，但水位高，涌砂严重的地层可采用超前钻进随时跟管，以达到钻孔深度，不断跟管隔砂。

2. 优质泥浆护壁回转钻进

（1）适用的地层条件：

1）松散砂层。

2）一般流沙层虽有土质，但胶结较差，比较松散。

3）膨胀岩土层，和湿陷性黄土地层。

4）深度较大结构密实的砂、卵石层或松散卵砾石层。

（2）使用的钻具结构主要有：

1）合金钻头、岩心管、钻杆钻头（有拦挡设施）。

2）膨胀性地层中肋骨钻头、岩心管、钻杆。

3）黄土不取样时，可用翼片钻头。

4）砂卵石层可用密集式大八角合金钻头（有拦挡设施）。

钻进工艺主要是利用优质泥浆：密度 1.1~1.3g/cm，黏度 25~30s，失水量 10mL 以下，使孔内泥浆挂压力通过失水渗透形成泥皮控制孔壁砂层的稳定性；钻进时压力转速等参数不高，钻具提出孔内要回灌浆液，防止柱压不足孔壁坍塌；要保证泥浆的净化，随地层条件变化调整适宜的泥浆性能。

在遇水膨胀成湿陷性黄土层，泥浆保证优质条件，突出降低失水量，以防失水造成孔径缩小和湿陷后坍塌。渗漏地层，可在泥浆中加入惰性材料，如锯末、棉籽壳等，严重渗漏时可用 801 堵渗剂处理。

3. 无泵反循环钻进

无泵反循环钻进适用于胶结性差的松散怕水冲刷的软羽地层和缺水地区。在钻进过程中，由于冲洗液的反循环避免了对样品的正面冲刷和冲洗液液柱压力对样品的损坏。从而有利于保护岩土样品，但须注意的是夹层厚度小于 0.5m 的地层不宜采用。

无泵反循环钻进技术与操作要领：

（1）孔底钻头压力要适当，过大会产生岩心堵塞、粘钻、甚至烧钻头等事故；

（2）依地层松软程度适当选择钻具转数。

4.CSR 钻进

CSR（Center Sumple Recovery 的缩写）为反循环中心取样。由空气压缩机所产生的高压空气，沿气路管，经侧入式水龙头进入双壁钻杆内外管环状间除下行至孔底。为潜孔锤冲击回转提供动力和冲洗介质，然后大部分高压空气进入内管，以反循环方式携带岩心及岩屑上返（上返速度大于 25m/s）到地表，连续取到岩心和岩粉样品。CSR 钻进方法主要用于覆盖层、基岩层及风化壳地层钻探，因此在隧道、坝基、滑坡等勘察工程中以及其他岩土工程勘泰中均可得到较好的取样和钻进效果。若以水泵产生的高压水流作为动力和冲洗介质，则可进行水力反循环连续。

CSR 钻进的主要特点如下：

（1）可以连续获取有代表性的高质量样品，且样品不与孔壁地层接触，避免了污染和混淆。

（2）钻进效率高，免去了常规钻进工艺的取心工序。比金刚石取心钻进效率高 3~4 倍。

（3）有利于钻进复杂地层，因为双壁钻杆形成一个闭路循环，可以不下套管。

（二）几种复杂地层中工程勘察钻探的要点

1. 软土层钻探

软土层多为淤泥，淤泥质黏性土，含水量较大，量流动、软塑状态，钻进般不易成孔，易塌孔和缩径。遇有这类地层时，常使用低角度的长螟旋钻探或带阀管的冲击钻探。而且必须跟管钻进。每钻进 1m，就可跟进套管 1m，跟进套管后可进行超前取样。软塑状态软土中可用泥浆护壁，泥浆的比重要大一些，使其有较大的液挂压力来平衡钻孔孔壁的侧压力，保持其稳定性。

2. 松散砂层钻探

在松散的含水砂层中钻进钻孔极易坍塌，应注意防止发生涌砂现象。这种地层中钻进要解决两个问题，其一是钻孔护壁，保证钻孔结构完整；其二是防止钻进中产生涌砂现象。钻进方法一般采用管钻冲击，冲程不应过大，一般为 0.1~0.2m。每回次钻进 0.5m 左右。为了避免孔内发生涌砂，应采用人工注水，使孔内水位高于地下水位，必要时使用泥浆以增加压力。用管钻冲击钻进一般钻管钻进，若遇有此松散夹层但不能下入套管时，可用高黏度大比重泥浆护壁。对于需作标准贯入试验的砂层，必须严防涌砂现象发生。

3. 大块碎石、砾石地层钻探

卵、砾石层中几乎全由大小碎块岩石组成，有时还存在巨大的漂砾或砾石夹层。此种地层给钻进带来极大困难。常采取以下方法：

（1）当砾径在 200mm 以下时，先用“一”字型或“十”字型钻头进行冲击破碎岩石，也可用锥型钻头冲击破碎，然后捞取破碎后的岩屑。

（2）砾径大于 200mm 的碎石层中，可用钢粒进行钻进穿过大的砾石或漂砾，或者用孔内爆破的方法来破碎孔内漂砾，然后再捞取碎岩。

不论两种中的哪种情况，为保证钻孔结构完整，在钻探中均应向孔内投放一定数量的黏土球，以保护孔壁的完整稳定。

4. 滑坡体钻探

为保证滑坡钻探的岩心质量，应采用干钻、双层岩心管、无泵孔底反循环等方法进行。钻进中应随时注意地层的破碎。密度、湿度的变化情况，详细观察分析确定滑动面位置。当钻进快到预计滑动面附近时，回次进尺不应超过 0.15~0.30m，以减少对孔底岩层的扰动，便于鉴定滑动面特征。

5. 岩溶地层钻探

在岩溶地层中钻进需注意可能发生漏水，掉钻后钻孔发生倾斜等情况。钻进时如发现岩层变软、进尺加快或突然漏水或取出岩心有钟乳石和溶蚀等现象，应注意防止遇空洞造成掉钻事故。钻穿洞穴顶板后应详细记录洞的顶底板深度、填充物性质、地下水情况等。为防止钻孔歪斜，可采取下导向管或接长岩心管等办法。当再开始在洞穴钻进时宜用低压慢速旋转。若洞穴漏水可用黏土或水泥封闭后钻进。

岩土工程勘察的场地条件复杂，对于一些类别的岩土工程勘察还会在江、河、海等水域进行工程勘察钻探，可依据相关规程规范选择有效的钻探方法。

（三）钻探成果资料

钻探成果资料包括钻探野外记录、编录、野外钻孔柱状图等。钻探野外记录是岩土工程勘察中最基本的原始资料，应包括以下两个方面的内容：

1. 岩土描述

包括地层名称、分层深度、岩土性质等。对不同类型岩土，岩性描述应包括：

（1）碎石土：颗粒级配、粗颗粒形状。母岩成分、风化程度、是否起骨架作用，充填物的性质、湿度、充填程度，密实度，层理特征。

（2）砂土；颜色，颗粒级配，颗粒形状和矿物组成，黏性土含量、湿度，密实度，层理特征。

（3）粉土：颜色，颗粒级配，包含物，湿度，层理特征。

（4）黏性土：颜色，状态，包含物，结构及层理特征。

（5）岩石：颜色，主要矿物，结构、构造和风化程度。对沉积岩应描述颗粒大小，形状胶结物成分和胶结程度。对岩浆岩和变质岩应描述矿物结晶大小和结晶程度。对岩体的描述尚应包括结构面，结构体特征和岩层厚度。

2. 钻进过程的记录

关于钻进过程的记录包括：

（1）使用钻进方法，钻具名称、规格、护壁方式等。

（2）钻进难易程度，进尺速度，操作手感，钻进参数的变化情况。

（3）孔内情况，应注意缩径。回淤，地下水位或循环液位及其变化等。

（4）取样及原位测试的编号。深度位置，取样工具名称规格，原位测试类型及其结果。

（5）岩心采取率。岩体（石）质量指标（RQD）值等。其中岩心采取率是衡量岩心钻探质量的重要指标。和岩体（石）质量指标的概念是近似的。用岩体质：量指标可以定量判断岩体的完整程度。岩体（石）质量指标 RQD(Rock Quality Designation 的缩写）应以采用 75mm 口径（N 型）双层岩心管和金刚石钻头获取的大于 10cm 的岩心总长度占钻探总进尺长度的比例确定，岩心的断开裂缝是岩体原有的天然裂缝面而并非钻进破坏所致。考虑到钻探的实际困难，对完整和较完整岩体不应低于 80%，对较破碎和破碎岩体不应低于 65%。

上述野外记录是钻探过程中的文字记录，岩土心样则是文字记录的辅助资料，它不仅对原始记录的检查和校对是必要的，而且对日后施工开挖过程的资料核对也有重要价值，故应在一段时间内妥善保存。此外，钻孔柱状图是野外记录的图形化，对以土层为主的钻孔和以岩层为主的钻孔可以有不同的图式。柱状图是以钻孔为单位的。可以详尽地反映钻孔结构、地层岩性等细部情形和钻进过程中的可变信息。

第二节　井探、槽探、洞探

一、井探，槽探、洞探的特点及适用条件

井探、槽探洞探是查明地下地质情况的最直观有效的勘探方法。当钻探难以查明地下地层岩性。地质构造时，可采用井探、槽探进行勘探。当在大坝坝址、地下洞室、大型边坡等工程勘察中，需详细调查深部岩层性质、风化程度及构造特性时，则采用洞探方法。

探井、探槽主要适用于土层之中，可用机械或人力开挖，并以人力开挖居多。开挖深度受地下水位影响。在交通不便的丘陵、山区或场地狭窄处，大型勘探机械难以就位，用人力开挖探井，探槽方便灵活，获取地质资料翔实准确，编录直观，物探成本低。

探井的横断面可以为圆形，也可以为矩形。圆形井壁应力状态较有利于井壁稳定，矩形则较有利于人力挖掘。为了减小开挖方量，断面尺寸不宜过大，以能容一人下井工作为度。一般圆形探井直径 0.8~1.0m，矩形探井断面尺寸 0.8m × 1.2m。当施工场地许可，需要放坡或分级开挖时，探井断面尺寸可增大；探槽开挖断面为一长条形，宽度 0.5~1.2m，在杨地允许和土层需要的情况下，也可分级开挖。

探井、探槽开挖过程中，应根据地层情况、开挖保度、地下水位情况采取井壁支护、排水、通风等措施，尤其是在疏松、软弱土层中或无黏性的砂卵石层中。必须进行支护，且应有专门技术人员在场。此外，探井口部保护也十分重要，在多雨季节施工应设防南棚，开排水沟，防止用水流入或浸润井壁。土石方不能随意弃置于井口边缘，以免增加井壁的主动土压力，导致井壁失稳或支撑系统失效，或者土石块坠落伤人。一般堆土区应布置在下坡方向离井口边缘不少于 2m 的安全距离。

探井、探槽开挖方量大，对场地的自然环境会造成一定程度的改变甚至破坏，还有可能对以后的施工造成不良影响。在制定勘探方案时，对此应有充分估计。勘探结束后，探井、探槽必须妥善回填。

洞探主要是依靠专门机械设备在岩层中掘进，通过竖井、斜井和平洞来观察描述地层岩性、构造特征，并进行现场试验，以了解岩层的物理力学性质指标。所以，洞探包括竖井、斜井和平洞，是施工条件最困难、成本最高而且最费时间的勘探方法。在掘进过程中，需要支护不稳定的围岩和排除地下水，探进深度大时还需要有专门的出碴和通风设施。所以，洞探的应用受到一定限制，但在一些水利水电、地下洞室等工程中，为了获得有关地基和围岩中准确而详尽的地质结构和地层岩性资料，追索断裂带和软弱夹层或裂缝强烈发育带、强烈岩溶带等，以及为了进行原位测试（如测定岩土体的变形性能、抗剪强度参数、地应力等），洞探是必不可少的勘探方法，这在详细勘察阶段显得尤其重要。竖井由于不便出碴和排水，不便于观察和编录，往往用斜井代替。在地形陡峭、探测的岩层或断裂带产状较陡时，则广泛采用平洞勘探。

二、观察、描述、编录

（一）现场观察、描述

（1）量测探井、探槽、竖井、斜井、平洞的断面形态尺寸和掘进深度。

（2）详尽地观察和描述四周与底（顶）的地层岩性，地层接触关系、产状、结构与构造特征，裂隙及充填情况，基岩风化情况，并绘出四壁与底（顶）的地质素描图。

（3）观察和记录开挖期间及开挖后井壁、槽壁，洞壁岩土体变形动态，如膨胀、裂隙、风化、剥落及塌落等现象，并记录开挖（掘进）速度和方法。

（4）观察和记录地下水动态。如清水量、涌水点、涌水动态与地表水的关系等。

（二）绘制展示图

展示图是井探、槽探、洞探编录的主要成果资料。绘制展示图就是沿探井。探槽、竖井、斜井或平洞的壁、底（顶）把地层岩性、地质结构展示在一定比例尺的地质断面图上。井探、槽探，洞探类型特点不同，展示图的绘制方法和表示内容各有不同，其采用的比例尺一般为 1 ： 25~1 ： 100，其主要取决于勘察工程的规模和场地地质条件的复杂程度。

1. 探井和竖井的展示图

探井和竖井的展示图有两种。一种是四壁辐射展开法，另一种是四壁平行展开法。四壁平行展开法使用较多，它避免了四壁辐射展开法因井较深存在的不足。采用四壁平行展开法绘制的探井展示图，图中探井和竖井四壁的地层岩性、结构构造特征很直观地表示了出来。

2. 探槽展示图

探槽在追踪地裂塘、断层破碎带等地质界线的空间分布及查明剖面组合特征时使用很广泛。因此在绘制探槽展示图之前，确定探槽中心线方向及其各段变化，测量水平延伸长度、槽底坡度、绘制四壁地质勘探显得尤为重要。

探槽展示图有以坡度展开法绘制的展示图和以平行展开法绘制的展示图两种，通常是沿探槽长壁及槽底展开，经制一壁一底的展示图。其中。平行展示法使用广泛，更适用于坡壁直立的探槽。

3. 平洞展示图

平洞展示图绘制从洞口开始，到掌子面结束。其具体绘制方法是按实测数据先面出洞底的中线。然后，依次给洞底—洞两侧壁—洞顶—掌子面，最后按底、壁、顶和罩子面对应的地层岩性和地质构造填充岩性图例与地质界线，并应绘制洞底高程变化线，以便于分析和应用。

第三节　取样技术

一、钻孔取土器的设计要求

岩土工程勘察中需采取保持原状结构的土试样。影响取土质量的因素很多，如钻进方法、取土方法、土试样的保管和运输等，但取土器的结构是主要影响因素之一，设计取土器应考虑下列要求：

（1）取土器进入土层要顺利，尽量减小摩擦阻力。

（2）取土器要有可靠的密封性能，使取土时不至于掉土。

（3）取土器结构简单，便于加工和操作。

此外，还应考虑下列因素：

第一，土样顶端所受的压力，包括钻孔中心的水柱压力，大气压力及土样与取土筒内壁摩擦时的阻力：

第二，土样下端所受的吸力，包括真空吸力、土样本身的内聚力和土样自重；

第三，取土器进入土层的方法和进入土层的深度。

（一）钻孔取土器类型

取土器按壁厚可分为薄壁和厚壁两类，按进入土层的方式可分为管入（静压成锤击）及回转两类。

1. 各种管入式取土器

管入式取土器可分为敞口取土器和活塞取土器两大类型。敞口取土器按管壁厚度分为厚壁和薄壁两种；活塞取土器则分为固定活塞、水压活塞、自由活塞等几种。

（1）敞口取土器。

国外称谢尔贝管，是最简单的取土器，其主要优点是结构简单，取样操作简便，缺点是对土样质量不易控制，且易于逃土。在取样管内加装内衬管的取土器称为敞口厚壁取土器，其外管多采用半合管，易于卸出衬管和土样。其下接厚壁管靴。能应用于软硬变化范围很大的多种土类。由于壁厚，面积可达 30%~40%，对土样扰动大，只能取得 I 级以下的土样。薄壁取土器只用一薄壁无缝管作取样管，面积比可降低至 10% 以下，可作为采取 I 级土样的取土器。薄壁取土器内不可能设衬管，一般是将取样管与土样一同封装运送到实验室。薄壁取土器只能用于软土或较疏松的土层取样。若土质过硬，取土器易于受损。考虑到我国管材供应的实际问题，薄壁取土器难以完全普及《岩土工程勘察规范》允许以束节式取土器代替薄壁取土器。这种束节式取土器是综合了厚壁和薄壁取土器的优点而设计的。将厚壁取土器下端刃口段改为薄壁管（此段薄壁管的长度一般不应短于刃口直径的 3 倍），能减轻厚壁管面积比的不利影响，取出的土样可达到或接近 I 级。

（2）活塞取土器。

如果在敞口取土器的刃口部装一活塞，在下放取土器的过程中，使活塞与取样管的相对位置保持不变，即可排开孔底浮土，使取土器顺利达到预计取样位置。此后将活塞固定不动，贯入取样管，土样则相对地进入取样管，但土样顶端始终处于活塞之下，不可能产生凸起变形。回提取土：器时，处于土样顶端的活塞既可隔绝上部水压、气压。也可以在土样与活塞之间保持一定的负压，防止土样失落而又不会出现过分的抽吸。依照这种原理制成的取土器称为活塞取土器，活塞取土器有以下几种：

1）固定活塞取土器。在敞口薄壁取土器内增加一个活塞以及一套与之相连接的活塞杆，活塞杆可通过取土器的头部并经由钻杆的中空延伸至地面下放取土器时，活塞处于取样管刃口端部，活塞杆与钻杆同步下放到达取样位置后，固定活塞杆与活塞，通过钻杆压入取样管进行取样。固定活塞薄壁取土器是目前国际上公认的高质量取土器，但因需要两套杆件，操作比较费事。其代表型号有 Hvorslev 型、NGI 型等。

2）水压固定活塞取土器。是针对固定活塞式取土器的缺点而制造的改进型。国外以其发明者白名为奥斯特伯格取土器，其特点是去掉了活塞杆。将活塞连接在钻杆底端，取样管则与另一套在活塞缸内的可动活塞联结，取样时通过钻杆加水压，驱动活塞缸内的可动活塞，将取样管压入土中，其取样效果与固定活塞式相同，操作较为简单，但结构仍较复杂。

3）自由活塞取土器。与固定活塞取土器不同之处在于活塞杆不延伸至地面。而只穿过接头，用弹簧予以控制，使活塞杆只能向上不能向下。取样时依靠土试样将活塞顶起，操作较为简单，但土试样上顶活塞时易受扰动，取样质量不及以上两种。

（二）回转式取土器有以下两种

1. 单动三重（二重）管取土器

类似于岩心钻探中的双层岩心管，取样时外管切削旋转。内管不动，故称单动。如在内管内再加衬管，则成为三重管。其代表型号为丹尼森（Denison）取土器。丹尼森取土器的改进型称为皮切尔（Pitcher）取土器，其特点是内管刃口的超前值可通过一个竖向弹簧取土层软硬程度自动调节。单动三重管取土器可用于中等以至较硬的土层中。

2. 双动三重（二重）管取土器

与单动不同之处在于取样时内管也旋转，因此可切削进入坚硬的地层，一般适用于坚硬黏性土、密实沙砾以至软岩。但所取土样质量等级不及单动三重（二重）管取土器。

二、不扰动土样的采取方法

采取不扰动土试样，必须保持其天然的湿度、密度和结构，并应符合土样质量要求。

（一）钻孔中采取不扰动土试样的方法

1. 击入法

击入法是用人力或机械力撵纵落链，将取土器击入土中的取土方法。按锤击次数分为轻锤多击法和重锤少击法；按锤击位置又分为上击法和下击法。经过取样试验比较认为：就取样质量而言，重锤少击法优于轻捶多击法，下击法优于上击法。

2. 压入法

压入法可分为慢速压入和快速压入两种。

（1）慢速压入法。是用杠杆、千斤顶、钻机手把等加压，取土器进入土层的过程是不连续的。在取样过程中对土试样有一定程度的扰动。

（2）快速压入法。是将取土器快速、均匀地压入土中，采用这种方法对土试样的扰动程度最小。目前普遍使用以下两种：

1）活塞油压筒法，采用比取土器稍长的活塞压筒通以高压，强迫取土器以等速压入土中。

2）钢绳滑车组法，借机械力量通过钢绳、滑车装置将取土器压入土中。

3. 回转法

此法系使用回转式取土器取样，取样时内管压入取样，外管回转削切的废土一般用机械钻机靠冲洗液带出孔口。这种方法可减少取样时对土试样的扰动，从而提高取样质量。

（二）探井、探槽中采取不扰动土试样方法

人工采取块状土试样一般应注意以下几点：

（1）避免对取样、土层的人为扰动破坏。开挖至接近预计取样深度时，应留下20~30cm厚的保护层，待取样时再细心铲除。

（2）防止地面水流入，井底水应及时抽走以免提泡。

（3）防止暴晒导致水分蒸发。坑底暴露时间不能太长，否则会风干。

（4）尽量缩短切削土样的时间，及早封装。块状土试样可以切成圈柱状和力块状。也可以在探井、探槽中采取“盒状土样”。这种方法是将装配式的方形土样容器故在预计取样位置、边修切、边压入，从而取得高质量的土试样。

（三）复杂或特殊岩土层取样方法

1. 饱和软黏性土取样

饱和软黏性土强度低，灵敏度高，极易受扰动，并且当受扰动后，强度会显著降低。在严重扰动的情况下，饱和软土强度可能降低90%。

在饱和软黏性土中采取高质量等级试样必须选用薄壁取土器。土质过软时，不宜使用自由活塞取土器，取样之前应对取土器做仔细检查，刃口卷折、残缺的取土器必须更换。取样管应形状圆整，取样管上，中、下部直径的最大、最小值相差不能超过1.5mm。取样管内壁加工光洁度应达到75~76。饱和软黏性土取样时应注意：

（1）应优先采用泥浆护壁回转钻进。这种钻进方式对地层的扰动破坏最小。泥浆柱的压力可以阻止塌孔、缩孔以及孔底的隆起变形。浆的另一作用是提升时对土样底部能产生一定的浮托力，掉样的可能性因而减小。

（2）清水冲洗钻探也是可以使用的钻探方法，因为在孔内始终保持高水头也是有利的，但应注意采用侧喷式冲洗钻头，不能果用底喷式钻头，否则对孔底冲蚀刚烈，对取样不利。

（3）螺旋钻头干钻风是常用的方法，但螺旋钻头提升时难免引起孔隙缩孔、隆起或管涌。因此采用螺旋钻头钻进时，钻头中间应设有水、气通道，以使水、气能及时通达钻头底部，消除真空负压。

（4）强制挤入的大尺寸钻具，如厚壁套管、大直径空心机械螺旋钻、冲击、振动均不利于取样。如果采用这类方法钻进，必须在预计取样位置以上一定距离停止钻进，改用对土层扰动小的钻进方法，以利于取样。

在饱和软黏性土中取样应采用快速、连续的静压方法贯入取土器。

2. 砂土取样

砂土在钻进和取样过程中，更容易受到结构的扰动。砂土没有黏聚力，当提升取土器时，砂样极易掉落。在探井、探槽中直接采取砂样是可以获得高质量试样的，但开挖成本高，不现实。

在钻探过程中为了采取砂样，可采用泥浆循环回转钻进。用泥浆护壁既可防止塌孔、管，又可浮托土样，在土样底端形成一层泥皮，从而减小掉样的危险。此外也可用固定活塞薄壁取土器和双层单动回转取土器采取砂样。前者只能用于较疏松细砂层，对密实的粗砂层宜采用后者。

日本的 Twist 取土器，是在活塞取土器外加一套管。两管之间安放有橡皮套，橡皮套与取样管靴相连。贯入时两管同时压下，提升时，内部取样管先提起一段距离，超过橡皮套后停止上提，改为旋扭，使橡皮套伸长并扭紧，形成底墙的封闭。然后内外管一并提起。这种取土器取砂成功率较高。日本的另一种大直径（ϕ200mm）取砂器，其底部的拦挡装置是通过缆绳操纵的。当贯入结束后，提拉缆绳，即可收紧拦挡，形成底端封闭，亦可采取较高质量的砂样。采取高质量砂样的另一类方法是事先设法将无黏性的散粒砂土固化（胶凝或冷冻），然后用岩心钻头取样。该方法成本高，难以广泛实施。

3. 卵石、砾石土取样

卵石、砾石土粒径悬殊，最大粒径可达数十厘米以上，采样很困难。在通常口径的钻孔中不可能采取 I~Ⅲ级卵石土样。在必须要采取卵石、砾石土试样时可考虑用以下方法：

（1）冻结法。将取样地层在一定范围内冻结，然后用岩心钻报取心。

（2）开挖探坑。人工采取大体积块状试样。

若卵石土粒径不大且含较多黏性土时。采用厚壁敞口取土器或三重管双动取土器能取到质量级别为 M 或 N 级的试样；砾石层在合适的情况下，用三重管双动取土器有可能取得 I~Ⅲ级试样。

4. 残积土取样

残积土层取样的困难在于土质复杂多变、软硬空化悬球。一般的取土器很难完成取样。如非饱和的残积土遇水极易软化、崩解，应采用黏度大的泥浆作循环液，用三重管取土器采取土试样。在强风化层中可采用敞口取土器取样，取土器贯入时往往需要大能量多次锤击，在需要加厚的同时，土层也受到较大扰动。因此，在残积土层中钻孔取样较好的方法是采用回转取土器，并以能动调节内管超前值的皮切尔式三重管取土器为最好。为避免冲洗液对土样的渗透软化，泥浆应具有高黏度，并注意控制泵压和流量。

（四）取样质量要求

1. 土试样质量等级

根据试验目的。把土试样的质量分为 4 个等级

表 5-1 等级分类表

等级	扰动程度	实验内容
Ⅰ	不扰动	土类定名，青水量、密度、强度试验。
Ⅱ	轻激扰动	固结试验
Ⅲ	显著扰动	土类定名、含水量、密度
Ⅳ	完全扰动	土类定名，含水量土类定名

注：第一，不扰动是指原位应力状态显已改变，但土的结构、密度、蓄水量变化很小，能满足室内试验各项要求：第二，除地基基础设计等级为甲级的工程外，在工程技术要求允许的情况下可用握土试样进行强度和固结试验。但宜先对土试样受扰动程度作拍样鉴定，判定用于试验的适宜性，并结合地区经验使用试验成果。

2. 取样技术要求

在钻孔中采取 I~II 级砂样时，可采用原状取砂器，并按相应的现行标准执行。

在钻孔中采取 I~II 级土试样时，应满足下列要求：

（1）在软土、砂土中宜采用泥浆护壁。如使用套管，应保持管内水位等于或稍高于地下水位，取样位置应低于套管底 3 倍孔径的距离。

（2）采用冲洗、冲击、振动等方式钻进时，应在预计取样位置 lm 以上改用回转钻进。

（3）下放取土器之前应仔细清孔，清除扰动土，孔底残留浮土厚度不应大于取土器废土段长度（活塞取土器除外）。

（4）采取土试样宜用快速静力连续压入法：

（5）具体操作方法应按现行标准执行。

3. 土试样封装、贮存和运输

（1）取出土试样应及时妥善密封，以防止湿度变化，并避免暴晒或冰冻；

（2）土试样运输前妥善装箱、填塞缓冲材料，运输过程中避免颠簸。对于易振动液化、灵敏度高的试样宜就近进行试验。

（3）土试样采取后至试验前的贮存时间一般不应超过两个星期。

第四节　工程物探

1. 工程物探的分类及应用

不同成分、结构、产状的地质体，在地下半无限空间呈现不同的物理场分布。这些物理场可由人工建立（如交、直流电场、重力场等），也可以是地质体自身具备的（如自然电场、磁、辐射场、重力场等）。在地面、空中、水上或钻孔中用各种仪器测量物理场的分布情况，对其数据进行分析解释，结合有关地质资料推断欲测地质体性状的勘探方法，称为地球物理勘探。用于岩土工程勘察时，亦称为工程物探。

按地质体的不同物理场，工程物探可分为电法勘探、地震勘探、磁法勘探、重力勘探、放射性勘探等。

工程物探的作用主要有：

（1）作为钻探的先行手段。了解隐蔽的地质界线。界面或异常点（如基岩面、风化带、断层破碎带、岩溶洞穴等）。

（2）作为钻探的辅助手段。在钻孔之间增加地球物理勘探点，为钻探成果的内插，外推提供依据。

（3）作为原位测试手段。测定岩土体的波速、动弹性模量、动剪切模量、卓越周期、电阻率、放射性辐射参数、土对金属的腐蚀性等。

2. 直流电阻率法

直流电法勘探中的电阻率法，是岩土工程勘察中最常见的物探方法之一，它是依靠人工建立直流电场，测量欲测地质体与周围岩土体间的电阻率差异，从而推断地质体性质的方法。在自然状态下，地下电介质的电阻率绝不是均匀分布的，观测所得的电阻率值并不是欲测地质体的真电阻率，而是在人工电场作用范围内所有地质体电阻率的综合值，即“视电阻率”值。视电阻率的物理意义是以等效的均匀电断面代替电场作用范围内不均匀电断面时的等效电阻率值。

所以，电阻率法实际上是以一定尺寸的供电和测量装置，测得地面各点的视电阻率，根据视电阻率曲线变化推断欲测地质体性状的方法。

电阻率法根据供电电极和测量电极的相对位置以及它们的移动方式，可分为电测深法和电剖面法两大类，并可以再细分为多种方法，但在岩土工程勘察中应用最广泛的还是对称四极电测深法、对称四极剖面法、联合剖面法和中间梯度剖面法。

3. 地震勘探

地震勘探是通过人工激发的弹性波在地下传播的特点来解释判断某一地质体同

题。由于岩（土）体的弹性性质不同，弹性波在其中的传播速度也有差异，利用这种差异可判定地层岩性、地质构造等。按弹性波的传播方式，地震勘探主要分为直达波法、折射波法、反射波法。

一、电视测井

（一）以普通光源为能源的电视测井

利用日光灯光源为能源，投射到孔壁，再经平面镜反射到照相镜头来完成对孔壁的探测。

1. 主要设备及工作过程

主要设备：由孔内摄像机、地面控制器、图像监视器等组成的孔内电视。

主要工作过程：孔内摄像机为钻孔电视的地下探测头，它将孔壁情况由一块45°平面反射镜片反射到照相镜头，经照相镜头聚焦到摄像管的光靶面上，便产生图像视频讯号。照明光源为特制异形日光灯，在45° 平面镜下端嵌有小罗盘，使所摄取的孔壁图像旁边有指示方位的罗盘图像。摄像机及光源能作360° 的往复转动，因而可对孔壁四周进行摄像。地面控制器是产生各种工作电源和控制讯号的装置，它给地下摄像机的工作状态发出讯号。孔内摄像机将视频讯号经电缆传送至图像监视器而显示电视图像。

（1）岩石粗颗粒的形状可直接从屏幕上观察，颗粒大小可用直接量取的数据除以放大倍数。

（2）水平裂纹在屏幕上为一水平线。

（3）垂直裂纹:摄像机在孔内转动360° ,电视屏幕上将出现不对称的两条垂直线，此两条垂直线方位夹角的平分线所指方位角加减90° ，即为裂隙走向。通过钻孔中心的垂直裂纹，摄像机转动一周，可以看到对称的两条垂直线。

（4）倾斜裂原：在屏幕上呈现波浪曲线，摄像机转动一周，曲线最低点对应罗盘指针方位角即为其倾向。转动到屏幕上出现倾斜的直线与水平线的交角即为其倾角，可直接在屏幕上量得。

（5）裂缝宽度可在屏幕上量得后除以放大倍数。

（6）岩石裂隙填充物为泥质时，屏幕上呈灰白色，充填物为铁锰质时呈灰黑色。其他如孔洞、不同岩石互层等均能从电视屏幕上直接观察到。

2. 使用条件

多用于钻孔孔径大于100mm、深度较浅的钻孔中。由于是普通光源，浑水中不能观察，若孔壁上有黏性土或岩粉等粘附时，观察也困难。

（二）以超声波为光源的电视测井

利用超声波为光源，在孔中不断向孔壁发射超声波束，接受从井壁反射回来的超声波，完成对孔壁的探测，从而建立孔壁电视图像。

1. 主要设备及工作过程

主要设备：井下设备由换能器、马达、同步讯号发生器、电子腔等组成，地面设备由照相记录器、监视器及电源等构成。

仪器的主要工作过程：钻孔中，电子腔给换能器以一定时间间隔和宽度的正弦波束作能源，换能器则发射一相应的定向超声波束，此波束在水中或泥浆中传播，遇到不同波阻抗的界面时（如孔壁）产生反射，其反射的能量大小决定于界面的物理特征（如裂隙、空洞）；换能器同时又接受反射回来的超声波束，将其变为电讯号送回电子腔；电子腔对讯号做电压和功率放大后，经电缆送至地面设备，用以调制地面仪器荧光屏上光点的亮度；用马达带动换能器旋转并缓慢提升孔下设备，完成对整个孔壁的探测。如果使照相胶片随井下设备的提升而移动，在照相胶片上就记录下连续的孔壁图像。

2. 图像解释

（1）当孔壁完整无破碎时，超声波束的反射能量强，光点亮；反之能量则弱或不反射光，光点暗。若图像上出现黑线则是孔壁裂隙，出现黑斑则是空洞。

（2）孔壁不同的裂缝、空洞的对应解释与以普通光源为能源的电视测井相近。

3. 适用条件

适用于检查孔壁套管情况及基岩中的孔壁岩层、结构情况，主要优点是可以在泥浆和浑水中使用。

二、地质雷达

地质雷达是交流电法勘探的一种。

其工作原理是：由发射机发射脉冲电磁波，其中一部分沿着空气与介质（岩土体）分界面传播，经时间 t 后到达接收天线（称直达波），为接收机所接受；另一部分传入岩土体介质中，在岩土体中若遇到电性不同的另一介质层或介质体（如另一种岩、土层、裂缝、洞穴）时就发生反射和折射，经时间 t 后回到接收天线（称回波）。根据接收到直达波和回波传播时间来判断另一介质体的存在并测算其埋藏深度。地质雷达具有分辨能力强，判释精度高，一般不受高阻屏蔽层及水平层、各向异性的影响等优点。它对探查浅部介质体，如覆盖层厚度、基岩强风化带埋深、溶洞及地下洞室和管线等非常有效。

三、综合物探

物探方法由于具有透视性和高效性，因而在岩土工程勘察中广泛应用，但同时，又由于物性差异、勘探深度及干扰因素等原因而使其具有条件性、多解性，使其应用受到一定限制。

因此，对于一个勘探对象只有使用几种工程物探方法，即综合物探方法，才能最大限度地发挥工程物探方法的优势，为地质勘察提供客观反映地层岩性、地质结构与构造及其岩土体物理力学性质的可靠资料。

为了查明覆盖层厚度，了解基岩风化带的埋深、溶洞及地下洞室、管线位置，追踪断层破碎带、地裂缝等地质界线，常使用直流电阻率法、地震勘探或地质雷达方法。大量实践证明：只要目的层存在明显的电性或波速差异，且有足够深度，都可以用电阻率法普查，再用地震勘探或地质雷达详查。

此外，用直流电阻率法、磁法勘探和重力勘探联合寻找含水溶洞，用地震勘探、直流电阻率法、放射性勘探联合查明地裂缝三维空间展布的可靠程度也已接近 100%。

第五节　岩土野外鉴别与现场描述

一、现场描述及鉴别

1. 岩石

掌握岩石的描述内容；掌握岩石的坚硬程度分类及现场鉴定方法；掌握岩石风化程度分类及野外特征。

2. 碎石土

掌握碎石土的描述内容及描述要求；掌握碎石土密实度分类及现场鉴别方法。

3. 砂土

掌握砂土分类及现场鉴别方法；掌握砂土的描述内容及描述要求；掌握砂土密实度分类及现场鉴别方法；掌握砂土湿度分类及现场鉴别方法。

4. 粉土

掌握粉土的描述内容及描述要求；掌握粉土密实度分类及现场鉴别方法；掌握砂土湿度分类及现场鉴别方法。

5. 粘性土

掌握粘土、粉质粘土、粉土的现场鉴别方法；掌握粘性土的描述内容及要求；掌握粘性土状态分类及现场鉴别方法。

现场描述及鉴别的基本要求：

（1）描述人员应认真观察，及时、全面、准确地做好描述记录工作，如实地反映客观情况。

（2）当岩、土的成因类型及地质时代等难以确定时，应将直观特征详细描述，宜根据区域地质资料和调查结果综合研究分析后确定。

（3）为消除对同一岩土层认识上的人为差异，在描述工作开展前，项目（技术）负责人应召集所有描述人员对岩、土层进行示范性描述，统一描述标准。

（4）勘探点的位置如有移动，应注明移动的方位、高差及距离，必要时宜画出示意图，或用仪器测量其坐标、高程，并说明移动原因。

（5）描述应使用专门的记录表格，逐项用铅笔（铅笔硬度建议采用 2H，标签浸蜡时可不用铅笔）书写，字迹清晰，严禁涂抹；当需要更改时，更改内容写在旁边，被更改部分用单横线划出。

（6）颜色，应在岩土的天然状态下进行描述，并应副色在前，主色在后。例如，黄褐色，以褐色为主色，带黄色：若上中含氧化铁，则土呈红色或棕色；土中含大量有机质，则土呈黑色，表明土层不良；土中含较多的碳酸钙、高岭石，则土呈白色。

（7）分层厚度的划分：

1）层厚大于 0.5m 时，必须单独划分为一层。

2）当层厚小于 0.5m，但对岩土工程评价具有特殊意义的岩土层，宜单独分层描述，如岩体中的软弱夹层、土体中极薄软弱层等。并按主要组成物质定名，如页岩夹层、断层泥夹层、淤泥夹层等。

3）对同一土层中相间成韵律沉积，当薄层与厚层的厚度比为 1/10~1/3 时，宜定名为“夹层”，厚的土层写在前面，如：粘土夹粉砂层；当厚度比大于 1/3 时，宜定名为“互层”，如：粘土与粉砂互层；厚度比小于 1/10 的土层，且有规律的多次出现时，宜定名为“夹薄层”，如：粘土夹薄层粉砂。

（8）含有物，土中含有非本层成分的其他物质称为含有物，例如，碎砖、炉碴、石灰碴、植物根、有机质、贝壳、氧化铁等。有些地区有粉质粘土或粉土中含坚硬的姜石，海滨或古池塘往往含贝壳。土中含有物的用词：

当岩、土中的次要成分和杂质均匀分布时，用“含”，如“粉质粘土含约 10% 铁锰质结核”；当岩、土中的次要成分和杂质非均匀分布时，用“混”，如“粉质粘土混少量碎石”；当岩、土中的次要成分和杂质呈层状分布时，用“层”，如“粉质粘土层、粉土薄层”；岩、土中由于地质作用造成的工程地质现象，称为“有”。

（9）土中的含泥物量的划分。

（10）为保证钻探质量及地层划分的准确性，应仔细观察岩芯，每间隔一定尺寸（或变层处）必须采取代表性土样进行鉴别描述，间隔大小应根据岩土类别及变层情况综合确定，不得超过钻头的本体长度，对均匀地层宜不超过 2m 或 3m，岩性相同时也应逐项描述，不得使用“同上”词语。

一、岩石的分类

岩石按其成因类型分为岩浆岩、沉积岩、变质岩三大类。

（1）微风化的坚硬岩。

（2）未风化、微风化的大理岩、板岩、石灰岩、白云岩、钙质砂岩等软质岩较软岩 15~30 锤击声不清脆，无回弹，较易击碎，浸水后指甲可刻出印痕 1、中等风化强风化的坚硬岩或较硬岩。

（3）未风化微风化的凝灰岩、千枚岩、泥灰岩、砂质泥岩等软岩 5~15 锤击声哑，无回弹，有凹痕，易击碎，浸水后手可掰开。

（4）强风化的坚硬岩或较硬岩。

（5）中等风化 ^ 强风化的较软岩。

（6）未风化 ^ 微风化的页岩、泥岩、泥质砂岩等。

（7）各种半成岩。

二、岩石的鉴别与描述

1. 岩石描述的内容与顺序

名称、颜色、成分、结构、构造、胶结物、风化程度、破碎程度及产状要素等。

2. 描述岩石名称时，应按岩石学定名

如遇两种矿物组成的岩石，应以次要矿物在前，主要矿物在后定名。如砂岩中，石英为主要矿物，长石为次要矿物，则该砂岩定名为长石石英砂岩。

3. 岩石的颜色，应分别描述其新鲜面及风化面

4. 岩石的结构和构造描述

（1）岩浆岩的结构，应描述矿物的结晶程度及颗粒大小、形状和组合方式。按结晶程度显晶质结构矿物颗粒比较粗大，肉眼可辨别隐晶质结构矿物颗粒在肉眼和放大镜下均看不见，只有在显微镜下能识别玻璃质结构矿物没有结晶按结晶颗粒相对大小粗粒结构颗粒直径大于 5mm 中粒结构颗粒直径 2mm × 5mm 细粒结构颗粒直径

0.2mm × 2mm 微粒结构颗粒直径小于 0.2mm 按结晶颗粒形态等粒结构岩石中矿物全部为结晶质，粒状，同种矿物颗粒大小近于相等不等粒结构岩石中同种矿物颗粒大小不等斑状结构岩石中比较粗大的品粒散布于较细小的物质中岩浆岩的构造，应描述岩石中不同矿物和其他组成部分的排列与充填方式所反映出来的岩石外貌特征。常见的岩浆岩构造有：块状构造、流纹状构造、气孔状构造和杏仁状构造等。岩浆岩构造特征的划分构造划分鉴别特征块状构造组成岩石的矿物颗粒无一定的方向排列而比较均匀地分布在岩石中流纹状构造岩石中不同颜色的条纹、拉长了的气孔以及长条状矿物沿一定方向排列气孔状构造和杏二状构造岩石中分布着大小不同的圆形或椭圆形的空洞为气孔状构造；气孔中有硅质、钙质等物质充填为杏仁状构造。

（2）沉积岩的结构，应描述其沉积物质颗粒的相对大小、颗粒形态和颗粒大小的相对含量。沉积岩的结构可分为碎屑结构、泥质结构、生物结构等。沉积岩的构造，应描述其颗粒小、成分、颜色和形状不同而显示出来的成层现象。常见的层理构造有水平层理构造、波状层理构造和斜层理构造。

（3）变质岩的结构应描述矿物粒度大小、形状、相互关系。根据变质作用和变质程度分为变品结构、变余结构、碎裂结构、交代结构。变质岩的构造应描述岩石中不同矿物颗粒在排列方式上所具有的岩石外貌特征。常见的构造有片状构造、带状构造、片麻状构造、千枚状构造、块状构造、板状构造和斑点状构造等。变质岩构造特征的划分构造划分鉴别特征片状构造岩石由细粒到粗粒片状或柱状矿物定向排列而成，沿平面易劈成薄片片麻状构造岩石由结晶颗粒较粗大而颜色较浅的粒状矿物、片状矿物或柱状矿物大致相间成带状平行排列，形成不同颜色不同宽窄的条带千枚状构造岩石中矿物颗粒细小，肉眼难以分辨，为隐晶质片状或柱状矿物，并具有定向排列，沿这些定向排列的矿物可劈成薄片板状构造岩石中矿物颗粒很细小，常出现较为平整的破裂面块状构造岩石中结晶矿物无定向排列，也无定向裂开的性质斑点状构造岩石中的结晶矿物集中成不同形状和大小的斑点，不均匀分布于基本未重结晶的致密状泥质基底中，岩石风化程度分为未风化、微风化、中等风化、强风化、全风化。其鉴别方法如下：

岩石类别风化程度野外特征硬质岩石微风化组织结构基本未变，节理面有铁锰质渲染或矿物略有变色。有少量风化裂隙中等风化组织结构部分破坏，矿物成分基本未变化，仅沿节理面出现次生矿物。风化裂隙发育，岩石被切割成 20 × 50cm 的岩块。锤击声脆，且不易击碎；不能用镐挖掘，岩芯钻方可钻进。强风化组织结构已大部分破坏，矿物成分已显著变化。长石、云母已风化成次生矿物。裂隙很发育，岩体破碎。岩体被切割成 2~20cm 的岩块，可用手折断。用镐可挖掘，干钻不易钻进软质岩石微风化组织结构基本未变，仅节理面有铁锰质渲染或矿物略有变色。有少量风化裂隙中等风化组织结构部分破坏，矿物成分发生变化，节理面附近的矿物已风化成土状。风化裂隙发育，岩体被切割成20~50cm的岩块。锤击易碎；用镐难挖掘，岩芯钻方可钻进。强风化组织结构已大部分破坏，矿物成分已显著变化。含大量粘土质粘土矿物。风化裂隙很发育，岩体被切割成碎块，平时可用手折断或捏碎，浸水或干湿交替时可较迅速地软化或崩解。用镐或锹可挖掘，干钻可钻进全风化组织结构已基本破坏，但尚可辨认，并且有微弱的残余结构强度，可用镐挖，干钻可钻进残积土组织结构已全部破坏，矿物成分已全部改变并已风化成土状，锹镐易挖掘，干钻易钻进，具可塑性。

5. 碎石土的描述内容及顺序

碎石土的描述内容及顺序：名称、主要成分、一般粒径、最大粒径、磨圆度、风化程度、坚固性、密实度、充填物（成分、性质、百分数）、胶结性及层理特征等。

（1）对碎石土的成分，应描述碎块的岩石（母岩）名称。当不易鉴别时，可只描述碎块岩石的成因类型。

（2）碎块的坚固性可分为坚固的（锤击不易碎）、较坚固的（锤击易碎）、不坚固的（原生矿物大部分已风化，多为次生矿物，手能掰开）。

（3）当碎石土的充填物为砂土时，应描述其颗粒级配及密实度；当充填物为粘性上时，应描述其名称、湿度、状态、含有物及所占质量百分比。当无充填物时，则应描述颗粒排列、孔隙的大小及颗粒的接触关系等。

（4）对碎石土的胶结性，应描述颗粒之间的胶结物名称及胶结程度。胶结程度可分为微胶结、中等胶结和强胶结。

第六章　岩土边坡工程

第一节　岩土边坡工程概述

一、岩土边坡工程的特点

岩土边坡系指有倾向临空面的地质体。它一般包括岩土自然边坡（斜坡）和岩土工程边坡（挖方边坡和填方边坡）。岩土自然边坡的问题主要是评判边坡在自然条件下或某些条件发生变化时的稳定性；岩土工程边坡的问题主要是回答边坡在一定坡高、坡比、坡形条件下是否具有要求的安全性（安全系数），或要求具有一定安全性和一定坡高的边坡应该具有多大坡比和哪种坡形的问题。在回答岩土工程边坡的上述各类问题时，应该考虑挖方边坡和填方边坡的差异。对于挖方边坡工程，岩土体的开挖对岩土体是一个卸荷过程，坡体仍然是原有地层，无法人为控制，而且它往往有复杂的结构与构造，除了可以在应力释放与应力重分布的影响下发生坡顶拉应力的出现或增大、坡脚压应力的集中及坡面主应力线的偏转外，还往往要伴有不同裂隙、地下水以及不同施工方法对坡体与地基的干扰影响。而对于填方边坡工程（主要为土质边坡），边坡体的填筑对土体是一个加荷过程，坡体多为压实的土层，它的密度及土类与配置均可事先人为地予以设计和控制，受到其他因素的影响较少，而且地基的土质也可以根据需要进行人工处理与加固。对用作堤防的填方边坡，它在汛期有管涌和淘刷的威胁，在枯水期有塌岸和裂缝的威胁，无论在安全检测还是安全评价方面，均表现出一定的特殊性。因此，对岩土边坡工程来说，无论是哪种边坡，要研究的核心都是边坡的稳定性问题，它除了需要综合研究边坡的坡比、坡高、坡形间的关系外，还要考虑坡体内外各种影响边坡稳定性因素之间的关系，揭示它们互相作用的规律，建立合理的分析过程，提出必要的增稳措施。

应该指出，如果已有的岩土边坡（包括自然边坡和人工边坡）出现了滑动的前兆，则这种边坡问题就成了通常所说的滑坡问题。它又是一类具有一系列特殊性质的岩土边坡工程问题。

在解决边坡问题时，必须全面地作出考察与分析。对于有条件作出选择的情况，应该通过航测、遥感和地理信息系统，获取充分的资料，贯彻地质选线的原则，避开严重的地质不良地段；对于潜在不稳定的边坡，应该采取综合勘察技术和工程地质力学调查分析的方法，以及模糊评判、神经网络、突变理论等方法，作出关于稳定性的预测，采取预加固措施，避免失稳；对已发生变形的边坡和滑坡，应该采用加固防治措施。预应力的锚索、锚索框架和抗滑桩、地梁、锚墩、锚杆和土钉以及微型桩、旋喷桩和各种注浆等是常用的方法；土工合成材料在边坡表面防护和坡体加筋加固方面也已起到良好的作用；地表和地下水的排水以及与环境保护相结合的边坡防护已经成了边坡加强的一种理念。

二、岩土的自然边坡

岩土自然边坡因其为长期形成多年存在的地质体，一般本身具有应力的平衡状态和相应的稳定性。只要它的形成和赋存条件不发生新的改变，其稳定性一般是会有保证的。因此，它的稳定性应该先弄清坡体的历史成因和现状，再分析引起坡体现存条件和状态正在发生变化和可能发生变化的因素，预测它们可能引起的正面影响、负面影响与影响大小的总趋势，以便采取相应的措施，或使不利影响减小到最小，或使有利影响得到加强，确保边坡体需要的稳定性。这种分析和预测应该考虑各种主要的影响因素，如：岩土的性质（粘土类、碎石类、黄土类、岩石类，坚硬程度，抗风化、软化的能力，抗剪强度，透水性），岩土体的结构与构造（块状结构、层状结构、碎裂结构、散体结构；节理、劈理、裂隙，结构面的胶结；软弱面、破坏面的分析；岩层倾向与坡向的关系和边坡的成因，如剥蚀堆积、侵蚀、滑塌等），水文地质条件（地下水的埋藏、流动、潜蚀、动态），风化作用，气候（湿度、温度），地震、洪水、爆破，以及其他与人类活动有关的人为因素。尤其应该注意的是岩土体的结构面，首先应该分清楚结构面的等级，如一级为区域构造单元的控制性断裂（延伸与宽度分别为几十千米与数十米）；二级为不整合面，假整合面，原生软弱夹层、断层、层向错动等（延伸与宽度分别为数百米与 1 ~ 5m）；三级为断层、接触破碎带（延伸小于数百米，宽度小于 1m）；四级为断层、夹层、裂隙、节理、层理（延伸数十米，宽度不明显）；五级为微小节理、劈理、隐裂隙、微层理（延伸数十米，宽度看不出）等。另一个非常重要的因素就是水的作用。

三、岩土的工程边坡

岩土的工程边坡包括挖方边坡与填方边坡。岩土挖方边坡的稳定性受坡体岩土性质、地质结构、地形地貌、地应力、地下水、温度、风化程度、成因类型以及开挖坡比、坡高和开挖方法等一系列因素的影响，必须对它们作出仔细分析、综合判断与合理处置。应该说，岩土挖方边坡是岩土边坡工程的难点，特别是岩土质的挖方高陡边坡问题。它往往需要具体问题具体研究，针对可能的各种破坏形式（滑动、崩塌、倾倒、崩层、倾向扩展拉裂、流动及复合破坏）个别解决。对岩土挖方边坡来说，工程地质类比法，即通过将要研究的边坡与已研究过的或已有验证的边坡在工程地质条件（地形地貌、成因类型、地层岩性、地层结构类型、稳定性类型）与影响因素（水文、地质条件、地理地质作用、水文条件、降水条件、排水条件、植被条件、人类活动等）上的相似性进行对比和修正来解决设计上问题的方法，是一种常用的方法。

岩土填方边坡实际上主要是土质（包括堆石、砂烁石、砂土、粘性土）的填方边坡。只要设计合理，施工质量得到了保证，防护得当，一般不会有大的问题，而且它的边界清楚，设计施工防护的方法与措施也比较成熟。

四、岩土边坡的滑坡

边坡工程中常遇到的滑坡问题是一种特殊的边坡问题，它的根本特点，或它与一般边坡问题的差别，就在于滑坡已经出现了滑动的征兆、迹象或一定的后果，其研究解决的主要问题是它的特征、阶段、机理规律、规模（地面移动、边坡移动或山体移动），以便进行滑坡发展（包括老滑坡的复活）的预报和滑坡的防治。因此，解决滑坡问题具有强烈的紧迫性、被动性、风险性和综合性（现在、过去和将来以及自然、经济和社会）。

综上可见，在讨论岩土边坡工程问题时，作为第一层次，应该区分是有滑动征兆的滑坡还是一般的边坡；第二层次，应该区分是岩质边坡还是土质边坡；第三层次，应该区分是自然边坡还是工程边坡；第四层次，应该区分是挖方边坡还是填方边坡。因为这些区分体现了边坡稳定性问题在质上的差异，而坡高、坡长坡比上的不同，除特殊情况外，一般仅有量上的差异，只能是对边坡分类描述的补充。本章将分别讨论岩质边坡工程、土质边坡工程以及岩土滑坡工程等问题，包括边坡工程加固增稳的原则与措施。

第二节　岩质边坡工程

对于岩质边坡工程应该主要以岩质自然边坡和挖方高陡边坡为对象。正如潘家铮先生所提出：岩质高边坡的研究“是一颗难啃的硬果”；“貌似简单的边坡问题，本质上却是一个十分复杂和牵涉面很广的问题，不但勘测工作量巨大，分析试验研究工作尤为困难，远远没有达到自由王国的境界”。

一、岩质边坡工程的稳定特性

1．岩质边坡的自然边坡与挖方边坡

岩质边坡可以有自然边坡与挖方边坡。岩质自然边坡的稳定性首先受岩体质量、尤其是结构面特性以及地下水条件的影响。它们与边坡的几何特征相结合，决定了坡体的稳定性。尤其是坡体的结构，它对边坡的破坏类型、部位、规模和破坏模式具有控制作用。对于岩质挖方边坡，还应该注意到地应力变化因素以及开挖方法的重要影响。而且在很多情况下，两类边坡都必须考虑到时间因素的作用。

2．岩质边坡的分析方法

目前，在解决岩质边坡的问题时，虽然理论分析的方法得到了广泛的研究和重视，但由于计算边界、模型、参数在正确反应复杂岩土体条件上的困难，要做到准确定量还有一定的限制。因此，经验方法与工程措施的结合在当前处理问题上仍然占据了相当重要的地位。这种现状把理论方法的研究和经验方法的发展都提上边坡工程研究的日程。

为了解决实际的边坡工程问题，对于自然边坡，应先对滑动方向、范围和稳定性趋势作出定性分析，然后对稳定性有问题的再进行定量验算，并提出必要的工程处理措施；对于挖方边坡，应先根据经验和地质条件的比拟与修正，选择开挖的合宜坡比，并将其和必要的支护相配合；然后，对它作出力学验算，使其确保必要的稳定安全系数；最后，根据具体情况采取必要的施工方法和足够的安全措施。对于这样得出的结论，尚需创造条件（尤其对重要的边坡），在开挖施工期，甚至运用期，作出对稳定性的监测与分析，必要时采取及时的补救措施。在目前，以工程地质分析定性评价（按坡体结构及影响因素的综合分析法）与力学计算定量评价相结合是比较有效的方法。在有条件时，工程地质类比法（将已有的天然斜坡或人工边坡研究或设计、施工、治理、监测的经验应用到条件相似的新斜坡设计施工中的方法）也会收到好的效果。

自然边坡和挖方边坡这两种边坡在其稳定性定量分析中考虑的因素有所不同，但基本原理是相通的。至于经验方法，目前已有多种多样，需要选择其中具有广泛应用经验、且目前仍具有一定权威性的方法。在这里，充分利用自然界造就的、岩体自身稳定状态条件的顺应性原则和改造岩体不稳定部分、使之与自然条件相协调的协调性原则应该是改造和利用自然的基本原则。

二、岩质边坡工程的稳定性评价

岩质边坡工程的稳定性自然与坡高、坡比直接相关，它也与岩体质量具有十分密切的关系。岩体质量的评价是分析岩体（包括洞室、边坡）稳定性的基础。通常，岩体质量的评价问题多与岩质洞室工程问题相联系。其实，它对于具有自然临空面的岩质边坡工程同样是非常重要的。为了在叙述上的方便，将结合岩质边坡的稳定问题予以讨论。

1. 岩体质量概述

如前所述，岩体质量的评价是分析岩体稳定性的基础。因此，对它的研究一直为人们所重视。它已经从单指标的定性与定量（20 世纪 60 年代以前）发展到多指标的定性与定量（20 世纪 70 年代以后）；从主要针对地下工程发展到同时考虑地基工程和边坡工程；从主要根据地质因素（结构面组数、间距、状态、岩体质量、完整性、风化程度、地应力、地下水、地质构造等）发展到同时依据力学因素（岩石强度、结构面抗剪强度、岩土变形模量、岩土弹性波速等）和工程因素（结构面方位、施工方法、自稳时间等）。由于影响岩体质量诸因素的不确定性、复杂性和模糊性特征以及各类工程应用分析侧重点的差异性，因而出现了各种不同的评价体系。但在各种不同的评价体系中，地质因素总是起主导作用，经常将岩体质量由差到好依次分为若干等级（如 5 级），其共同的目的都是为工程岩体的稳定性评价。从而为分析各种评价体系间的相关性打下了基础。

3. 岩质边坡的稳定性评价

由上可以看出，RMR 系统与 SMR 系统虽然具有一系列的优点，但仍然没有考虑较大、较厚的断裂与破碎带的影响，没有考虑挖方边坡特殊的地应力变化因素，也没有与开挖边坡的坡高、坡形相联系，而这些因素对挖方边坡的稳定性都是有重要影响的。当分析大断裂的影响时，赤平投影法（赤道平面极射投影法）得到了应用。它用图解方法来表征结构面的组合关系（斜坡变形的边界条件），表征岩体滑动体（结构面切割的分离体）的形态与斜坡倾角的关系，可以对有一组或两组结构面的斜坡发生滑动的可能性作出定性评价，可以对稳定的斜坡定量求出安全系数，并考虑内压力、地应力的影响。对于不稳定的边坡，则可用其他方法复核并采取工程措施。现在，已经发展了各种沿不同滑动面进行边坡稳定验算的方法，也积累了考虑其他因素的有关经验方法。而且，采用工程地质比拟法定性、解析方法或数值计算法定量的方法，确定岩质开挖边坡的坡比，使边坡的开挖与整治相结合，来确保挖方边坡稳定性的方法已经显示出了很大的优越性。因此，“没有无结构面的岩体，没有无需加固的边坡”，这就一语道破了研究岩体结构面和研究边坡工程措施的重要性。

第三节　土质边坡工程

一、土质边坡工程的稳定特性

1. 土质的自然边坡与挖方边坡

土质边坡工程中的自然边坡与挖方边坡在许多方面有其相似之处，对它们可一并进行分析。对于自然边坡，其主要工作应是基于勘察资料，并综合考虑各影响因素（尤其是已发生或可能发生变化的天然和人为因素），对稳定状态及趋势作出预测（它应该按不同区段及边坡的不同部位分别进行）。如为挖方边坡，则尚应进而考虑坡高、坡比以及开挖引起坡体内应力的变化，甚至开挖施工方法的影响。由于自然边坡和挖方边坡这两类边坡都与土体的地层地质构造密切相关，故它们的分析方法有其相似之处。在分析中，应该注意特殊的不利情况：如边坡及临近已有滑坡、崩塌、陷穴；边坡中有较发育的网状裂隙、软夹层、膨胀土层；软弱结构面与坡面倾向一致或交角<45°，结构面倾角小于坡角，其岩面倾向坡外且倾角较大；地层渗透性差异大，地下水在非透水层或基岩面上聚积流动；断层及裂隙中有承压水出露；坡面上有水的渗漏，有水流冲刷坡脚；河水急剧升降在坡内引起动水压力作用；边坡处于强震区，或临近地段有大爆破施工等情况。上述情况都会与边坡的滑动失稳类型和最危险滑动面位置有密切关系，直接影响到可采用的稳定分析方法。挖方边坡的坡高、坡比和坡型可以根据实际经验和分析计算的结果进行选择和调整，满足最终稳定性的要求。

2. 土质的填方边坡

对于土质边坡工程中的填方边坡，它的坡高、坡比、坡体材料的压实度以及边界条件是互相影响的重要因素。但是，如前所述，由于它可以人为地选择填土密度，可以使不同土类合理组合，可以调整、控制坡体内浸水的范围，它会处于较好的条件，但仍必须对设计的方案做出关于稳定性的计算。现在已经提出了多种经过实践考验的计算方法。

二、土质边坡工程的稳定性评价

在土质边坡稳定性的评价中，锲体极限平衡法（在土力学中讨论过）是一种最常用的方法。它也多采用有限元方法或有限元与锲体极限平衡法相结合的方法，还有实用的经验方法与正在发展着的概率分析方法。应该说，在这些分析方法中，计算模式的选定，计算参数的选取以及稳定系数的取值常是决定分析正确性的重要方面。

1. 土质边坡稳定性分析的破坏模式

土质边坡稳定性分析的破坏模式问题主要是寻求最危险滑动面的形状和位置。在土层结构比较复杂情况下的自然边坡和挖方边坡，其滑动面往往和其中的裂隙面、软弱结构面、软弱交界面、承压水作用面等直接相联系，呈平面形、折线形或复合形，可以通过判断分析和计算对比的方法找到最危险滑动面，得到相应的安全系数。如果为填方边坡，边坡土质一般较好，而且比较均匀，常用圆弧滑动面，视其边坡与地基情况可能为坡面圆（边坡高陡或地基在浅处有硬层），坡脚圆（地基较好），坡基圆（地基较弱），也可为复合圆（地基浅层有薄软弱夹层时）。

2. 土质边坡稳定性分析的计算参数

土质边坡稳定性分析的计算参数问题主要是确定边坡的土性参数（如强度指标 c、中值）和本构模型的参数（邓肯—张模型的 8 个参数等）以及其他需用于计算的参数。其确定的基本原则是“具体问题具体分析”，研究和确定符合边坡土体实际受力状态的强度指标，并考虑边坡物理状态的可能改变（降雨入渗、地下水位上升、地震及人类的工程活动），使其与边坡的具体工作条件及其变化相一致。实践与计算表明，参数选择对于边坡稳定影响的敏感性往往大于滑动面形状或位置的影响（主要对填方边坡）。而且，各种参数所显示的影响，也会因其他条件不同而表示出不同的敏感性。Richards 等曾对岩质边坡的 5 种参数（节理倾角、粘聚力、重度、摩擦角、水压力）对稳定系数影响的重要性进行了分析和排序，发现节理倾角总居第一位，而其他参数的重要性还与坡高有关，坡高小于 10m 时，粘聚力居第二位，摩擦角居第四位，而坡高 100m 时，粘聚力居第三位，摩擦角居第二位。对土质边坡，粘聚力往往起重要作用。

3. 土质边坡稳定性分析的稳定系数

土质边坡稳定性分析的稳定系数问题主要是选择一个边坡至少应该满足的安全度（F），它是设计中最重要的决策，具有重要的技术经济意义。它的确定应该既考虑到建筑物的等级（等级愈高，F 愈大），要求保持稳定的期限（长者较大），造成生命财产损失的大小（大者较高），新设计或是验算复核（新设计较高），计算方法的合理性，试验成果的可靠性，考虑因素的全面性，以及工作条件的特殊性（地震、渗流、骤降、降雨重现期等）。一般，如果没有特殊的问题，建筑物的等级及计算方法的合理性是选择安全系数的主要依据，再对不同的计算性质和工作条件适当调整，不同的规范均有明确要求。如《岩土工程勘察规范》(GB50021—2001)中对新设计边坡(包括对原边坡有加荷、增大坡角或开挖坡脚)的Ⅰ、Ⅱ和Ⅲ级工程分别为1.3~1.5，1.15 ~ 1.3和1.05~1.15，验算边坡时，均取1.10~1.25；《建筑地基基础设计规范》(GB50007—2002)中对Ⅰ、Ⅱ及Ⅲ级建筑物的滑坡验算时分别取1.25、1.15和1.05；《上海市地基基础设计规范》(DGJ08—11—1999)对一般建筑物复核验算时取1.25，新设计时取1.3；如为重要建筑物，则均相应地提高10%。又如香港《边坡岩土工程手册》对新开挖边坡推荐的稳定系数(十年降雨重现期)还考虑了风险的大小。

值得注意的是，当前，由于安全系数表述方法的不同所引起的差异也是确定边坡要求安全系数时应该考虑的重要问题。它应该与所用稳定计算方法应用的经验相联系。在用有限元法进行计算时，因目前尚缺乏统一的失稳评判标准，不同的失稳评判标准自然会导致对边坡总体安全系数值的估算，需要在应用目前一些标准(特征部位位移的突变性、塑性区的连通性、计算的收敛性等)中不断地作出研究和积累经验。

第四节 岩土滑坡工程

一、岩土滑坡问题的特殊性

如前所述，滑坡问题是一种特殊的(已出现滑坡征兆或者滑坡历史，或有滑坡潜在危险)边坡问题。它是一种严重的地质灾害(地震—滑坡—地面沉降—塌面塌滑—水土流失—土地沙漠化)，既恶化地质环境，又恶化生态环境；既涉及技术问题，又涉及自然、经济、社会问题。岩土滑坡工程就是对滑坡问题的工程整治技术。为了整治就要研究滑坡的特性、机理发育规律、稳定评价、预测预报以及防治技术等一系列问题。由于滑坡问题的重要性以及它在上述这些问题上的特殊性，已有人提出了建立“滑坡学”这个新学科的必要性。我国滑坡的研究已走过了由灾害记载(新中国成立前)到被动应付(出一个，治一个)到积极治理，再到防治结合的道路。目前我国在滑坡工程上已积累了丰富的经验，正在与国土开发规划相结合，向点、线、面的综合防灾方向发展，从而对滑坡学的理论与实践提出了更高的要求。

二、滑坡的特性与机理

根据统计，我国重大的滑坡灾害约有94%是由降雨和人类活动诱发而成的(各占 47%)。滑坡在实践上表现为缓慢的、长期的、间歇性的变形，有时也有跳跃、急剧的变形。滑坡在空间形式上表现为一部分岩土沿一定面（带）的整体下滑迁移，常出现一个自上而下由环状后壁到多级缓平台，再到珑状前缘的变化。滑动带的上面为滑体，下面为滑床。环状的后壁称为滑壁。多级缓平台包括滑坡湖（封闭洼地）与滑坡台阶（平缓后倾）。珑状前缘包括滑台及其前缘的滑坡出口。在整个滑坡体上分布着不同的裂缝：在滑壁为张性下错的主裂缝，在滑阶为多条张拉裂缝，在下部为因滑体的倾向伸长而出现的放射性裂缝，再往下为因压性褶曲而形成鼓张裂隙，在周边为因主应力与阻力形成力偶而出现的羽状裂纹。因此，整个滑带可以按滑体的受力状态自上而下分为三个特性段，即牵引段、主滑段和抗滑段。

2. 牵引式滑坡与推动式滑坡

由于牵引段、主滑段和抗滑段这三个分段在出现和发展上的不同，滑坡一般可以分为两大类型：一类是牵引式滑坡，另一类是推动式滑坡。牵引式滑坡的主滑带依附于软弱带（地质结构上既有的，向临空面缓倾的）发育而成。当软弱带的蠕动导致部分岩体产生一系列的主动破裂面后，地下水、地面水会在其中集中，至其发生断裂后向中部出现推力（断裂前无推力），滑体前部在受到后中部的挤压，就要向临空面最薄弱处位移，而产生新的滑带，达于地表，使滑带贯通，形成滑坡；推动式滑坡是当边坡中上部岩体坚实，且地质结构上既有、并向临空面陡倾的裂面时，中上部的岩体对下伏柔性或破碎松散的岩体产生巨大压力。如此压力大于下伏岩土体强度，下伏岩土体就会产生不均匀的压缩变形，导致边坡在后缘产生较平直的裂缝而错落，在底部发生向临空面的剪切而形成底部错动带，使后缘的裂缝张大。由于地面水、地下水的集渗，下伏的错动带被浸软，直至在不能支持自身的稳定时发生滑动。此外，在有些情况下，可能出现错落式滑坡，它是由错落引起裂缝，最终导致错动而出现的滑坡。

由此可见，滑坡从本质上是一种力作用下的后果，故这种从受力状态来对滑坡分类的方法是一种机理分析的方法。滑坡也有多种其他的分类方法，如：按滑体的物质组成分类（堆积层、黄土、粘土、岩层）；按主滑面与层面结构面的关系分类（顺层、均层、切层）；按滑体厚度分类（浅层 <6m、中层 6 ~ 20m、厚层 20 ~ 50m、巨厚层 >50m）；按滑坡规模分类（小型 <3 万方，中型 3~5 万方，大型 50 ~ 300 万方，超大型 >300 万方）；按运动状态分类（间歇性、崩塌性）；按滑体含水状态分类（块体、塑性、塑流性）；按发生年代分类等。这些，其实都是从不同侧面来对滑坡进行认识，以便正确反映各类滑坡的特征及其发生发展的规律，为确定滑坡的整治对策（如适应滑坡防治的工作顺序，预计防治造价，及时采取措施）提供信息和依据。

三、滑坡的发育、发展规律

1. 滑坡的发育、发展过程

任何滑坡都有一个发育、发展的过程，对这个过程的研究，不仅有利于判断滑坡当前所处的阶段，而且有利于预计今后滑坡的发展趋势，有利于采取相应的滑坡整治措施。一般典型的缓移性滑坡，它的发育、发展总要经历蠕动阶段、挤压阶段、微动阶段、剧滑阶段和固结阶段等几个阶段（对崩塌性滑坡，前两个阶段不易区分，可合并为一个阶段）。蠕动阶段时，中部的主滑带处于封闭条件，但它向下向前的蠕动会使坡体在后缘逐渐产生不连续的环状裂缝与张开，且有轻微的下错；挤压阶段时，中后部的坡体对其前部的挤压会产生新滑带，并出现 X 形微裂缝及局部小塌；微动阶段时，整个滑带贯通，坡体沿滑面作缓慢移动，羽状裂纹撕开，前部出现断续的隆起裂缝和放射状裂缝，中部有分块裂缝，后缘张开裂缝的错距增大，沉陷带及反倾裂缝显示清晰，出口出现带状分布的泉水或湿地；剧滑阶段时，封闭洼地形成，前缘隆起裂缝和放射状裂缝已贯通并错开，两侧及头部产生坍塌，舌部出现大量浊水，滑动有声响或气浪，中前部因滑速的差异而被分成纵横几大块，相互错开；固结阶段时，滑体的各部分有向前压缩和在自重下压密的现象，滑带的强度恢复，原来的各裂缝逐渐闭合，代之以不均匀沉降的裂缝。

2. 滑坡发育发展各个阶段特征的应用

（1）判断滑坡发育的阶段性与发展趋势。

上述这些关于滑坡各个阶段的特征可以反过来用以判断滑坡发育的阶段及其进一步发展的趋势。正确判断滑坡发育所处的阶段，对于进一步作滑坡稳定性评价时选用滑带土的强度参数，对于了解坡体实际的稳定性系数以及必要时反算计算参数都至关重要。由于一定地质条件下的边坡因受到外界因素的影响而要出现滑坡时，首先是主滑段不能保持平衡而失稳，产生蠕动，然后是牵引段因前方失去支撑力而产生拉张的主动破坏，它连同主滑段一起推挤抗滑段，进而是抗滑段在被动土压力作用下产生破坏，待抗滑段形成新滑面并贯通时，滑坡可以由等速的缓慢移动而进入加速的剧滑阶段，滑坡在经较大距离的滑移后，能量的消耗使它又趋稳定，滑带开始固结压密。这样，滑带上土的强度指标应在不同部位和不同阶段上有所不同（表 6-1）。

表 6-1　滑坡各阶段、各部位上滑带土的强度发挥情况

部位 阶段	主滑段 （纯剪切破坏）	牵引段 （张裂性主动破坏）	抗滑段 （挤压性被动破坏）
蠕动阶段	越过峰值强度	某些部位越过峰值强度	未达到峰值强度
挤压阶段	向软化点强度过渡	全部越过峰值强度	局部越过峰值强度
滑动阶段	向残余强度过渡	可能向残余强度过渡	已越过峰值向软化点强度及残余强度过渡
剧滑阶段	达到残余强度	可能为残余强度	主要部分为残余强度
固结阶段	强度有适当恢复		

（2）滑坡发展各阶段上滑坡体的稳定安全系数

从滑坡由稳定向滑坡的发育过程来看，处于滑坡发展各阶段的滑坡体应具有不同的稳定安全系数，即稳定性的安全系数在不同阶段应该是不断变化的。研究总结得出，在蠕动阶段，安全系数为 1,15 或 1.10 ～ 1.05(松散时大)；在挤压阶段，安全系数为 1.05 ～ 1.00；在微动阶段，安全系数为 1.00 ～ 0.95, 在剧滑阶段，安全系数为 0.95 ～ 0.90；在固结阶段，安全系数为 0.95 ～ 1.00 ～ 1.10。有的资料建议，蠕动挤压阶段的安全系数可取 1.01 ～ 1.10；等速滑动阶段的安全系数可取 1.0；加速滑动阶段的安全系数可取 0.95~0.98。这些关于安全系数的经验值可以作为对处于该阶段的滑坡进行强度参数反分析的参考依据。这是将宏观特征现象与定量分析相联系的一个重要成果。

四、滑坡的稳定性评价

前已述及，滑坡是已出现滑动征兆，或曾有古滑坡历史，或将有可能滑坡的特殊边坡问题。滑坡稳定性的评价应该按其特殊性的不同而不同。目前，对它们的评价已开始从“概念模型”逐渐走向“理论模型”，其评价的根本前提是对它们的特殊之处作出正确的识别与区分。

1. 新生滑坡的稳定性评价

对于新生的滑坡，因其已有滑坡的征兆，故不难通过地表的位移、变形，深层的位移、变形，建筑物的变形，地下水的变化，滑体滑带各种物理现象的变化作出识别。它的稳定性评价问题，一是滑坡发育阶段与发展趋势的评价，二是采取整治措施后的稳定性的评价。滑坡发育阶段与发展趋势的评价是选择整治措施的方法和时机与确定稳定性分析计算中计算参数的前提。由滑坡稳定性的现状或它的初滑条件确定滑带上土的计算指标，可以再用于检验对滑坡采取措施的合理性，或者判断滑坡在今后最不利条件组合下的稳定性。对滑坡采取措施的合理性分析应考虑因原有建筑物或场地被滑坡破坏，或因采取整治措施等原因而使下滑力和抗力的可能变化。上节所讨论的一些规律，主要是对这类最常见且最紧迫的滑坡而言。

2. 古老滑坡的稳定性评价

对于古老的滑坡问题，首先要根据外貌特征（片壁、弧形、前缘突出、坡面的阶状、树木，即“醉汉林”等）和地层构造特征（不正常、漏水、空洞、压力阶地等）以及历史记载和访问资料，对它作出相应的识别。对古老滑坡的稳定性评价主要是它在现今和未来可能条件下（如水库蓄水等）发生复活的可能性，并为它的治理提供依据。对于未来条件下可能的滑坡，应将一般最易发生滑坡的地层岩性、地质构造、地貌、水文地质等条件与未来可能的因素变化相结合，作出其稳定性的评价，提出防治措施的建议。经验和分析表明，下列的一系列因素都是对滑坡发生有利的因素，应该在未来滑坡的识别中予以重视。如：存在高倾角软弱夹层的地层；强活动性大构造单元间的交接带；向斜、背斜、断禮带、大断层带附近、褶皱轴部、软弱结构面等地质构造；山间盆地边缘区、凸出山坡、凸出山嘴、线状延伸的断层陡崖等地貌；多层不连续的含水层与隔水层相间、堆积层与下伏基岩顶面的透水层有明显差异、具有地下水补给的构造（断层带）和蓄水构造（向斜轴）、汇集地下水的埋藏基岩古沟槽、黄土层内的砂烁石夹层等水文地质条件；以及坡前开挖、冲刷、水位涨落变化，坡上积水、流水、堆载和大爆破等。可见，对未来滑坡的识别一般还是比较困难的，需要对它下更大的工夫。

3. 滑坡稳定性评价中计算强度指标的选择

滑坡稳定性评价中，计算强度指标的选择是一个非常重要的问题。常用的确定方法有反算法和试验法。

（1）反算法。

利用反算法反算滑带土的强度指标时，如果滑距不远，滑体基本上未脱离滑床，后缘牵引段和前缘抗滑段较短，则可以将滑坡恢复到滑动瞬间的原始状态，取安全系数等于1作极限平衡核算（计算断面一般沿滑动主轴部位），反算强度参数C、值。自然，这种极限平衡核算也可以对现场各不同形迹的当时状态进行，还可以在将滑坡变形史与大地震和临近大爆破的影响相结合的状态下进行，以便得到不同边界条件下的指标。这些由反算得到的指标为主滑段的指标，即开始滑动状态的指标。如需将它用于已经发生的大滑坡或多次滑动的滑坡，则尚应予以折减。同时，计算时所用的滑动面最好能与勘察找到的滑动面位置相一致。实际可能的滑动面位置，在管式钻头、全取芯钻进、小间距取样时，可由下列条件确定：即含水量–深度曲线上含水量最大处，或岩芯风干后自然脱落处，或破碎地层与完整地层界面处，或孔壁坍塌、卡钻、漏水、涌水甚至套管变形、民用水井井圈错位处。但是，如果由于滑壁剥蚀、坍塌改变了原来形态，或者缺乏原有变形资料，不易恢复原地面时，可不恢复。此时，需取相应阶段的稳定系数进行计算。但是，应该指出，上述的反算法虽然是一种有效的算法，但它反映的主要是主滑段较长的滑坡情况，而且是一种综合的抗剪强度指标，它们并不是真正的土性强度参数。同样，由经验公式所确定的强度参数也常带有更大的局限性。因此，室内试验的方法仍然是应该重视的方法。

（2）试验法。

利用试验法确定滑带土的强度指标时，常可用现场大型剪切试验和室内的滑面重合剪、重塑多次剪、重塑土环剪以及三轴切面剪等方法。现场大型剪切试验常在滑坡的前后缘或边缘滑面较浅处进行。室内试验的三轴切面剪的方法，因其移距小，颗粒定向排列不充分，残余强度一般会有所偏高，故滑面重合剪、重塑多次剪和重塑土环剪等方法应用较多。但由于不同部位滑带发挥的强度有不同的特性，故试验一般应考虑不同部位滑带的不同性质。对于牵引段，断裂面间的外摩擦用滑面重合剪或现场的面间外摩擦试验，且因裂面较陡，存水条件差，试样应为中塑状态湿度的原状土样；对于主滑段，土的强度随滑动的次数或位移的增大而衰减，故应作原状土的多次剪试验，可以找到强度峰值至残余值间每次剪后的强度，或用环剪找出峰值至残余值间随位移增大而衰减的强度曲线。最不利情况与滑带土受滑体压力时的饱和强度有关，故尚需作重塑土在不同含水量条件下剪切次数与强度的关系，以便在计算时根据情况选择指标（一般用略高于饱水残余强度的数值）。至于在试验中是否允许排水，需视具体情况而定；对于抗滑段，有每次滑动均沿新生滑动带的，也有在原出口上的，故宜作原位大剪，选取峰值或第二次剪切的强度，试验根据情况或用原状土剪切，或浸水后剪切。室内试验时，需按自然条件确定剪切方法及排水控制条件。

五、滑坡的预测与预报

1. 概述

滑坡是一种严重的地质灾害。如果能够对滑坡作出预测、预报，则将会使人民的生命财产避免遭受巨大的损失。因此，滑坡的预测、预报就成了滑坡问题研究中的另一个重要课题。尽管滑坡由于形成条件、诱发因素的复杂性与多样性以及变化的随机性与非稳定性，要做到滑坡时间的预测预报的确是一个十分困难的课题，但如前所述，由于它仍然遵循着一定的发育、发展规律，故如采取群测群防与专业监测预报相结合的手段，使滑坡灾害的研究、测试、分析与判断相结合，既注意滑坡的共性特征以及演化的一般规律，又注意滑坡的个性特征，研究滑坡体形成的基本条件、地质结构、成因机理、演化阶段以及稳定状况，结合定量的监测资料与定性的宏观变形迹象和前兆，以及反映斜坡稳定演化内在本质的数值计算，则对滑坡进行预报仍然是有可能的。但要实现滑坡预报由定性到定量的转变还需要多学科的综合研究。自然，如果能够预测滑坡的空间地段和范围，预报它的滑移时间（长期、中期、短期、临滑等预报），预测它可能造成的灾害范围，它就可以为采取工程治理措施或减灾防灾措施提供一定的科学依据。为此，必须对滑坡进行认真的监测（地面位移监测，地下位移、滑动面测量，滑坡地下水测量等），通过长期监测提供的资料为滑坡的预测预报打好科学的基础。

2. 滑坡预测与预报的理论与方法

目前，滑坡预报的理论有嬗变破坏特性理论（日本，斋藤 Saito，1961，它采用嬗变速率的外延法），有灰色控制系统增长曲线模型法（晏同珍，1994），有黄金分割预报理论（张倬元，1991），有滑体变形功率理论（廖小平，1994）等。为了对滑坡预报有一个概略的了解，下面仅对用于黄茨滑坡预报并取得良好效果的滑体变形功率理论作一个简要的介绍。

滑体变形功率理论系根据滑体的变形功率随时间的变化情况，即变形功率与历时的动态曲线特性（由缓慢增减到剧烈上升），将滑坡发展过程划分为依次发展的几个滑坡变形阶段。当进入临滑阶段后，即以变形功率作为时间预报的参数，按变形功率等于破坏功率来确定滑坡的剧滑时间。任一个观测时刻的变形功率可基于观测得到的滑体变形资料求得。

（1）破坏变形功率与滑坡的剧滑时刻。

如果假定材料不可压缩，则可以建立平面应变刚塑性模型。

（2）滑坡的条件预报。

如果分析滑面全部进入塑性区的时刻 tc 和滑动速度增至最大值的时刻 t 之间的关系，则可以作出条件预报，一个是全部进入塑性区时刻的预报，即时刻 tc 的预报；另一个是滑动速度增至最大值的时刻的预报，即时刻 t 的预报。时刻 tc 可以滑面上强度为 τ 时所对应的速度为准，由速度—强度—时间关系得到；时刻 tc 可以加速度为参数，以滑坡从初始加速度 a0 使运动速度由加权平均速度 vc 增到最大速度 vmax 的时刻为标准。

六、滑坡的整治与防治

1. 滑坡的分解与整治

一个大滑坡常是由多个滑坡形成的滑坡区，而且有着多个滑坡发生的机理。它们发育的状况以及规模、危害性等不仅会有很大的差异，而且在它们之间又有彼此的影响和联系。这就需要对这些滑坡在综合分析的基础上，采取各自有效的防治技术。为此，首先必须对滑坡区进行分解，再根据分解以后每一滑坡的边界条件、作用因素与相邻块体的相互关系来评价其特性状态和发展趋势，制定增稳措施。现以川藏公路波戈溪滑坡的分解治理为例予以说明。

（1）波戈溪滑坡的分解。

川藏公路在义敦至巴塘间沿巴曲河左岸坡脚行进，滑坡区顺线路有550m，垂直线路有1300m，前后缘高差800m。既有滑坡，又有坍塌和崩塌，总体积达5000万方。据调查分析，整个山坡可分解为上、中、下三级，东、中、西三条，其各级、各条的变形性质各异。中级山坡为石灰岩山包，高100 ~ 150m，其前缘陡壁的崩塌落石不断；中、上级山坡有多条裂缝（宽0.5 ~ 1.0m，长数十米）；下级山坡塌滑不断扩大。由于山坡曾受到东西构造应力的挤压，形成了近南北向的褶皱和压性断裂及近东西向的张性断裂。纵、横向断裂将山坡岩体切割成若干块体。在河流下切过程中，沿F、F；张性断裂形成三级错落，下一级又形成滑坡和坍塌。滑坡为典型的堆积土滑坡，已经过2~3次滑动，老滑坡掩埋了老河床。这样，在下级，东西两块为堆积物的坍塌，它得到中部滑体的不断补给物质来源，处于不稳定状态。尤其在西部一块，坍塌上缘已达百米以上。在中级，东凹槽为覆盖层沿风化基岩的浅层滑坡，每年雨季都滑动、开裂，旱季相对稳定。中部在石灰岩山包下伏以软弱的千枚岩，因其受构造作用而破碎，加上地下水的作用，在石灰岩重压下下沉，造成了上覆石灰岩的陡崖；西凹槽只有局部沟岸坍塌，植被尚好，无明显整体渗流迹象。在上级，由于前部位移下沉，使堆积层和局部破碎岩石受牵动而滑坡。

（2）波戈溪滑坡的治理。

由以上分解可以认为，靠公路的下级滑坡，无贯通性环状裂缝出现整体上还是稳定的，只有局部变形。变形严重的西部是目前应治理的关键部位。下级的中、后部陡崖间一段的缓坡上出现一些张性裂缝，属浅层坍塌性质，由前部松弛造成，无整体滑移迹象。中级的东凹槽浅层滑坡，只增加前级的重量或人沟形成小型泥石流，对公路无大威胁，中部石灰岩陡山包的前缘崩塌早已存在，后部裂缝1968年已出现，1989年巴塘地震只使崩塌增多，裂缝加宽，陡崖脚下未见软岩挤出的迹象，因此，该山包目前仍以崩塌变形为主，整体滑动的可能性不大。上级的局部滑坡，对公路无直接威胁。

据此，这一大滑坡区的公路无需绕避40 ~ 50km（造价高爬上4000m标高），也无需用隧道绕线（穿多条断层，施工困难），可以作原线治理。建议的治理方案为：

①坡中、上部（级）修三条截水沟，将山坡水汇集，排出滑体。中部西凹槽的水截排人滑坡以西的自然沟中，不使进入坍塌体。滑坡区内的自然沟均进行清顺，使排水流畅。对坡面裂缝进行夯填。

②在下级后部设地下截水隧洞及排水仰斜钻孔，截排较丰富的两层地下水，减小滑带土的孔压。前部的稳定也可减小中部的松弛变形。

③在公路路基内侧设抗滑桩支挡防护（辅以坡面刷方），阻止继续变形（重点在

西侧）。外侧作河岸防护工程（防止河流冲刷）。

④在中部石灰岩顶部减重，减小其对下伏千枚岩的压力。

2. 滑坡防治的原则

一般来讲，解决滑坡问题应该“防治结合”“区别对待”。首先，“防”的思想应该贯穿在对滑坡工程的勘察、设计、施工和管理的全过程，注意消除或减轻导致滑坡发生和复活的不利因素，竭力避免诱发因素的发生。例如不在易滑的上部不适当地加载和在下部切割、冲蚀与浸泡，避免设计高陡的挖方边坡或切割暴露软弱夹层，不破坏或少破坏已有滑坡的平衡，在旱季作抗滑工程，跳槽开挖以及管好生产、生活及灌溉用水等。

其次，“治”的思想应该坚持迅速与根治的原则，即一旦出现滑坡征兆，必须迅速作调查分析，针对主导因素，坚持“一次根治，不留后患”的原则，并区别轻重缓急，对有急剧变形危险的滑坡应先采取立即生效的工程措施，为勘察整治争取时间。然后再作其他工程，避免产生新的滑动，并作好监测，确保安全。

再次，在滑坡整治时，应该首先注意滑体的物质组成及滑坡规模的大小（这些并不太困难），因为它们与处理对象、防治的工程量、人力和时间等密切相关。但是，滑坡滑动的特点与整治处理措施直接相关。滑动的特点，既包括滑动的快慢，滑体的结构，力学性质，产生年代和破坏原因，又包括滑坡的性质。例如，对崩塌性滑坡，减重和刚性支撑可以收到立竿见影的效果；对同层滑坡，常用支挡疏干处理；对顺层滑坡应逐层加固；对切层滑坡宜恢复支挡，以免牵引向上发展；对牵引式滑坡应着重前级的治理；对推动式滑坡，中后部的措施易于见效；对潜蚀原因的滑坡，应截水，防止潜蚀；对浮力原因的滑坡，应降低地下水位；对塑性挤出原因的滑坡，应加固滑带或减小压力；对液化原因的滑坡，宜疏干滑体，等等。只有通过对与滑坡特点有关的多种因素与信息进行分析，在明确成因条件及触发因素的基础上，抓住主导因素，从力学性质角度考虑整治措施，才会找到滑坡整治的正确途径。这些因素一般应包括地层岩性因素、地质构造因素、地貌因素、水文地质因素、地震因素和人为因素；人为因素又包括不适当地开挖坡脚与削方，不适当地在坡体上方堆载、暴雨、大爆破、灌溉渠道漏水，也包括不当的边坡设计与施工。

3. 滑坡防治的途径

滑坡防治的途径，在有可能的情况下应该是避绕（改线、隧道穿越、桥梁跨越、清除滑体），否则，应该从排水、支挡、减载和固坡等几个方面采取必要的措施。它们可以根据情况，综合应用。此外，提高人们的防灾意识，减少人为灾害的发生，也应是滑坡防治的一个重要议题。

（1）排水。

由于多数滑坡均与水的作用相关联，故“治坡先治水”，并将治水、支挡、减荷与改善滑带土的性质相结合，这已经成了人们处理滑坡问题的共识。治水既需面向地表水，又需面向地下水。可以在滑坡体周围作截渗沟，在滑坡体表面作排水沟并填塞表露的裂缝，以免水进入滑体；在滑坡体内部作排水井群或排水孔、盲洞、泄水道等，疏、排、降其中的地下水，或在坡面植树，加大蒸发量，或切断坡体内水的补给以减小孔隙水压力，提高坡体土的强度；对于深层的地下水，则可用集水井或长平钻孔抽水以减小其对滑体的影响。

（2）支挡。

支挡常用抗滑挡墙（一般在浅层滑坡的锁口处，总推力太大时可以作多级挡墙）和抗滑桩（挖孔、钻孔、锚索）；也用锚索框架（地梁）、抗滑明洞、抗滑键（埋式桩）、抗滑土堤、排架桩、钢架状、钢架锚索桩、组合微型桩等方法。抗滑挡墙已经发展为沉井式抗滑挡墙、框架式抗滑挡墙和预应力竖井锚杆式抗滑挡墙（增加墙与滑床间的摩擦力）。抗滑桩适宜于深层滑坡和各类非塑流性滑坡，在缺乏石料的地区处理正在活动的滑坡更为适宜。

抗滑桩是以桩排来抗御坡体的滑动。抗滑桩的形式除单排和双排等外，还出现了门型桩、椅式桩、刚架桩、锚索桩、沉井桩等多种形式。它由于设桩灵活，每桩的工程量不大，施工中对滑体稳定性影响小由两侧向主轴施工时可不加剧滑动性，不影响行车及厂矿正常生产，且可通过桩孔（像探井）取得滑动面准确位置及参数，检验修改设计；可成排布置且向上起拱，利于受力，并让边桩多分担荷载，因此应用较广。抗滑桩应布置在滑体较薄的抗滑段或下滑力较小的部位，横向桩距在主轴附近较小，两侧大些，约为桩径的 2~5 倍。日本已完成了 3.5~4.0m，长 30~60m 的大型钢筋混凝土抗滑桩。我国在处理贵昆铁路二梯岩隧道出口的滑坡时，采用了 8.5m × 6.0m，深 12m 的 5 个沉井作为抗滑桩。抗滑桩的长度设计是抗滑桩成败的关键。抗滑桩在滑坡推力下桩底类似自由端，由于抗滑桩在桩前滑动面以上的滑体与滑床不连续，故桩前滑动面以上岩土的抗滑力应按桩前剩余抗滑力、被动土压力、桩与临空面间岩土的抗剪力三者中的最小者来控制设计。抗滑桩埋人滑床的部分，受到周围岩土变形条件的控制。如果周围岩土松散、变形大，则应按极限平衡状态求解；如果周围岩土为柔性半岩质层，受力后出现塑性变形而未破坏，则允许滑床顶面以下一定范围内采用塑性公式计算。如果周围岩土为整体地层或构造上的压密带，则可选用弹性地基梁公式计算。因此，抗滑桩的计算模式把滑面以上桩前的土体被动土压力和桩后的滑坡推力作为外力，通过悬臂结构用滑面以下锚固段的变位在桩周产生的弹性抗力来平衡。

（3）减荷。

减荷常在滑坡体上部刷坡削方，它对减小滑动力有明显效果，但对卸荷膨胀的土或减重后增大暴露面时一般不用。与此同时，在滑坡体的下部加压（负减荷），可以增大抗滑力，仍然是常用的方法。

（4）固土。

加固改善滑带土的性质常用石灰桩、砂桩、树根桩或钻孔桩等提高土体的密度和强度。此外，还有化学灌浆、旋喷等其他方法，视具体情况选择使用。

应该指出，滑坡防治措施的优化、多样化、轻型化仍然是需要进一步研究的问题。

第五节　岩土边坡工程的加固增稳与实例

一、加固增稳的基本途径

前面对滑坡的治理提出了排水、支挡、减荷和改善岩土体四大措施，它的基本原理仍然适用于一般的边坡工程。这个基本原理就是减小滑动力、增大抗滑力。在实施这个原理时，应该特别重视防止对结构面因素、降水因素和人为因素造成不利的影响。为了防微杜渐，避免“千里金堤，溃于一蚁”，必须注意做好边坡的护面及抗渗蚀的设施以及加强维护和监测工作。从防灾减灾的角度，对具有致灾可能的边坡进行监测预警是减小工程灾害和损失的最有效办法。将生态学原理引入边坡工程，使自然环境与工程稳定间和谐统一的理念，也开始为工程建设者所重视。采用针对具体工点上病害成因分析的有效措施（如分级稳定；坡脚锚固桩预加固；分级开挖，分级锚固；分级开挖、分级稳定、坡脚预加固等），将边坡变形控制在一定范围内，不使其发生破坏的预加固技术是高边坡治理工程的一种全新的、合理的设计思路。

一般，减小滑动力的措施有放缓坡比、合理选择坡型（一坡到顶，上陡下缓，上缓下陡，大平台，多级坡等），清方减载（包括防止坡上部堆载），控制减小雨水下渗，优化施工方法和施工顺序等。增大抗滑力的措施有坡脚反压，锚杆锚桩加固，设置支挡，降低水位，加强排水，疏散坡内水体，减小内水压力，置换软弱带，提高软弱层带强度，合理开挖，及时衬护等。它们应用的关键在于结合实际条件，合理组合，灵活运用。

一般，对于浅层失稳型的边坡，应注意大气降雨的入渗下界；对深层失稳型的边坡，应注意常年地下水位的变幅域；对整体失稳型的边坡，应注意原来的主滑带或基岩的界面；对解体失稳型的边坡（后推型和后退型），应注意将其分解为几个独立的运动体；对泥石流失稳型边坡，应注意表层土质及土类块石区的分布与稳定；对水土流失型边坡，应注意它的自然减载过程。在对边坡进行支护时，对于边坡上已出现的松动带视其范围和特性，可挂网喷浆、锚固或清除，要经过计算或监测使松动域不再发展和扩大。特别要注意集流水（断层、裂理带、裂隙密集带、松动风化带内），多层脉状裂隙水，潜水及承压水的空间展布格局，不使边坡的初始渗流场发生不利的变化，防止二次变形失稳的威胁。支护的出发点或在于利用外来施加的力系抵消或平衡边坡的下滑力（如墙锚、支承桩、反压、滑坡趾部施加抗滑力及加筋土大块体的挡墙等），或在于增加土体的内在强度，帮助边坡保持其必要的稳定状态（如地下排水、化学处理、高压喷射混凝土等）。

二、边坡治理的若干实例

下面简要分析几个边坡加固增稳的实例：

①安康水电站（陕西汉江）溢洪道的高边坡，挖深 80m，坡高 100m 以上，坡体为千枚岩，节理发育，中等强度，抗水性差（软化系数 0.30 ~ 0.60），并有缓倾角断层，开挖卸荷使坡体应力的调整会出现不稳定棱体或滑坡。

采用的加固增稳措施有大型抗滑桩（Φ1.0m，最大 3.5m），主桩和护桩由平台连为一体；有预应力锚索，兼有控制抗裂缝的作用；有锚洞，深达 17~30m，把抗滑桩和溢洪道一起锚固在稳定基岩上；有削坡减载，采用了 40m 的大平台；有排水隧洞，降低地下水位，减小内水压力。同时，又提出合理开挖边坡的要求（滑坡稳定后开挖，自上而下分级，跳槽开挖，及时衬护），严格控制爆破，坡面保护（衬护、喷护）及地面坡面排水和预报观测等要求。

②五强溪水电站（湖南，沅陵县，沅水干流上，1200MW）因船闸基础的开挖，左岸形成了高 120 ~ 150m，长 400m 的高边坡。坡体为千枚状板岩、板岩、砂质板岩和砂岩、石英砂岩、石英岩的复合二元结构层状岩体，软弱夹层发育，且背斜轴斜穿边坡，断层密集，破碎带 8.5 ~ 22m，强风化深度 60m，广泛分布蠕变松动岩体，由于不均匀减载破坏了局部边坡的平衡，开挖将坡面内不利于稳定的软弱结构面或组合面暴露于坡面，夹层的压缩促使边坡变形，开挖过程中发生了严重的蠕变，降雨使变形加速。

采用的加固增稳措施有缓坡开挖，使开挖边坡不陡于自然边坡；自上而下开挖边坡，顺层开挖，切忌切层；在断层破碎带交汇区以处理为主，用锚洞、锚柱、锚杆、预应力锚索，深入较完整岩体，使成层岩体相串，坡面再设置混凝土面板，与锚洞等的外锚头相连，保护坡体稳定；在有较大软弱结构面的部位，挖槽回填，用混凝土置换；在边坡坡脚岩体岩层陡立，沿层面多张拉裂缝，地下水丰富时，钻孔灌注水泥浓浆固结，填塞变形空间，改善边坡应力传送条件；在坡脚有断层时，以削为主，坡底加固；对有“上软下硬”“表面好，中间差”或“表差内好”的岩体结构，开挖时要求“上削下固，上锚下护，边挖边固，排水同步”，同时，也提出了加强排水（坡面排水、永久排水、内部排水），坡面防护（喷水泥砂浆护面、混凝土护面、混凝土网格梁间种草护坡），爆破采用预裂爆破，控制规模和装药量以及利用原探洞进行深部监测等要求。

③漫湾水电站（云南，景东、云县交界处，澜沧江中游上）泄洪洞（2 条）和导流洞（1 条）的进口区，边坡的挖高达 85m，出口区的天然边坡高为 225m，进出口间坝轴线以上的边坡和以后的边坡高达 120 ~ 160m。边坡为流纹岩（蚀变多，风化深 20m），断层、挤压面及卸荷裂隙很发育，使岩体形成层状构造，有地下水活动。由于江流为 S 形，左岸边坡 820m，三面临空，山体单薄，又是切脚开挖，需要综合加固。

采用的加固方案，在三洞进口区，因计算得到的下滑力小，只对开挖的边坡采用系统锚杆和挂网喷混凝土保护。对泄洪洞进口闸室的槽挖处设 78 根 1000kN 级的预应力锚索和 8m 深的 25 砂浆锚杆。在上游围堰至坝轴线段，其下层设 2m × 2m，深 15 ~ 20m 的 6 个小锚洞，上层均匀布置 1000kN 级的预应力锚索 236 根，坡面挂网喷混凝土。在坝轴线至三洞出口段，需要提供 440 × 10kN 以上的抗滑力，故在坡面设大型抗滑桩（3.5m × 5.0m）22 根，锚固洞 19 个，且使部分的洞与桩首尾相接，形成地下框架结构，深入可能滑动面达 1/4~1/3 桩洞长，均用 C25 混凝土制成，并配置较多的钢筋钢材，洞顶回填灌浆（后来用预应力锚索深入滑面 5 ~ 10m，代替了大多数洞桩，计 1000kN 级的 936 根，3000kN 级的 647 根，6000kN 级的 21 根）。凡永久建筑物未覆盖的开挖坡面均作挂网喷混凝土保护。坡面打了 15 ~ 20m 深的排水孔（6m × 6m 内一个孔）。在三洞出口区，采用削坡减载、锚固洞、抗滑桩、混凝土贴坡挡墙，并作表面保护和浅层排水。同时，在洞的内部设置了倾斜仪测孔、多点位移计、挠度计、钢筋计、孔压计压应力计、地下水位观测孔等。在 9 条剖面上观测边坡位移、滑面位置、裂隙张开情况，地下水位变化和钢筋与混凝土的受力状态；并用边角交汇法、水准监测、钢线测距、倒垂组等方法，在外部测山体的水平位移和垂直位移。

第七章　岩土洞室工程

第一节　概述

一、岩土洞室工程的特点

岩土洞室工程就是在岩土体内开挖出一定的地下空间，并保证它的稳定性，提供人类生产生活用途的工程，如军工用的指挥所、掩蔽所、通信设备和战备电话室、人防工程等；交通用的地铁、隧道、地下公路、人行地道等；基础设施用的自来水厂、污水处理厂、电缆管道、给水排水管道、煤气管道等；仓贮用的冷库、粮仓、油罐等；民用的商场、旅馆、游乐场、医院、住宅等；采矿用的各种矿业通道；工业用的车间、工厂以及水利工程的导流洞、泄洪洞、输水洞等。岩土洞室工程一般在纵、横向尺寸之比很大时称之为“洞”；在纵、横向尺寸之比较小时称之为“室”，统称为洞室工程，或地下工程。由于它的广泛应用及重要性，常被称之为“地下产业”或“新的国土资源”（向地下要土地、要空间）。并且有人将 19 世纪的桥梁工程、20 世纪的高层建筑工程和 21 世纪的地下工程并称为建筑工程界三个世纪性的代表。这里，将 21 世纪称为地下空间的世纪，表明了地下工程划时代的重要地位。尤其是城市地下工程在解决“城市综合征”方面的重要作用引起了人们广泛的注视。此外，随着高等级公路和高速铁路建设中长大隧道、小净距隧道、浅埋暗挖隧道、连拱式隧道、分叉式隧道、综合交通枢纽隧道以及跨海隧道等的出现，岩土洞室工程日益面临着严重的挑战。目前，对于大型地下工程进行风险分析与识别，已经从灾害防治的角度引起了愈来愈多的关注，使长期以来追求最低成本的建造理念受到了冲击。

二、岩土洞室工程的基本问题

岩体和土体中的洞室工程虽然各有特点，但它们有相同的基本课题。

1. 岩体洞室工程和土体洞室工程的比较

对于岩体洞室工程，洞室的围岩介质主要是不同成分的岩石块体及其不同结构面构成的岩体，其性质主要与岩石质量、节理裂隙发育程度、岩体的完整性等因素有关。根据岩体分级的有关标准，岩体可以由好到差依次分为Ⅰ级围岩、Ⅱ级围岩、Ⅲ级围岩、Ⅳ级围岩和Ⅴ级围岩。对于土体洞室工程，它的围岩一般主要依据土性及沉积年代来进行分级。如：压密或成岩作用的粘性土或砂土，早更新世或中更新世黄土以及一般钙质、铁质胶结的碎石土、卵石土、大块石土划为Ⅳ级围岩；一般第四系的半干硬至硬塑的粘性土及稍湿至潮湿的碎石土，卵石土、圆烁、角烁土及新近堆积和晚更新世黄土，以及非粘性土呈松散结构、粘性土及黄土呈松软结构划为Ⅴ级围岩；软塑状粘性土及潮湿、饱和粉细砂、软土等划为Ⅴ级围岩。但是，土的工程性质可能随时间的增长或地下环境条件的改变而变化，土体中存在的节理裂隙面、浸水湿化或湿陷变形、长期流变等均会引起土的工程性质衰变。目前的土质隧道划分还没有定量的考虑，也没有积累足够的技术资料，需要根据具体的条件作出分析。

2. 岩土洞室工程的基本问题

岩土洞室工程既是地下工程，它就必须包括洞线（洞址）与洞型的选择、合理结构设计、开挖支护技术等三个重要方面的问题。它除了把稳定性作为根本目标外，还应当把成洞效率和人身安全作为关键问题来对待。从总体上讲，衬护理论和成洞技术构成了岩土洞室工程的两个根本课题。在解决这些问题时，由于不同岩土材料性质、地质构造和洞室工程的边界条件等方面的复杂性，加上不同施工条件和方法的影响，洞室周围岩土体（围岩）内的应力状态和变形特性将处于多因素作用下的动态变化之中。它实际上是一个四维（三维空间 + 时间）问题，还很难从理论上预测工程中可能遇到的一切问题。因此，理论分析与现场监测相结合的方法，在当前处理洞室工程中的基本问题时还是十分必要的。这种方法需要以理论分析作基础，根据现场施工中量测的数据，用反分析方法来反算出地层参数和荷载数值，用它作为综合代表地层特性的等效参数，预测出地层和结构的位移和应力状态，指导施工过程。

三、岩土洞室工程的影响因素

研究与实践表明，岩土洞室工程的稳定性是受地质因素和工程因素综合制约的。地质因素主要有初始地应力状态、岩土体结构、岩土体强度、地下水活动等；工程因素主要有洞室的埋深（洞顶岩层厚度 H 与洞径 B 之比，对土体超过 2.5、对坚硬完整的岩体超过 1 ~ 2 时为深埋，否则为浅埋）、形状、跨度、高度（跨高比）、洞轴的方向（相对于岩层走向）、相邻洞的间距、洞的施工方法、开挖暴露时间、支护形式、衬砌特性、洞周的回填质量、地震及振动作用、相邻建筑物影响以及冷库引起的冻胀等。浅覆盖、大洞径、软围岩、高潜水、长洞程等条件的存在，为岩土洞室工程提出了具有相当复杂性的问题。为了确保稳定性、减小工程量和增大安全性，必须重视洞线选择、主要减小地质和水文地质因素的不利影响；重视洞型设计与衬护结构计算，保证合理的受力状态；重视开挖技术与支护的方法与时机，保证施工的高效与人身的安全。

第二节　岩土洞室工程洞线与洞型的选择

一、岩土洞室工程洞线的选择

岩土洞室工程的洞线（室址）应该结合地形、地貌、岩土性质、地质构造、水文地质条件、施工条件及工程特性等的综合分析，经过方案比较，择优选定。一般在岩体中，应选择山体完整、覆盖层厚度大、洞口方向多、地应力小、无沟密切割和地表汇流的地区；选择对相邻建筑物的影响小、便于与地面长期规划紧密联系配合的地区；选择地下水、洪水位影响小、岩石裸露、风化层及堆积层厚度小、不受崩塌、滑坡、泥石流威胁的地区。洞线宜与水平方向的大主应力方向相平行，与岩层、节理的走向大角度相交；宜在山脊线布置，避免在山坪、冲沟、山间洼地下部通过，尽量避开大断层、破碎带及厚软弱夹层（尤其是洞顶出现软弱层）；宜尽量将主洞（大断面）布置在完整性好的岩体和非含水层中，避开承压水或导水断层以及有游泥、流沙、富水层及可能冲刷没的地带，且临空一侧的岩体有保证洞室稳定的安全厚度（有压时为 3 倍洞跨，无压时为 1~3 倍洞跨）;宜有良好的洞室进出口，便于在悬崖陡壁时贴壁进洞，地形平缓时“早进洞，晚出洞”，避免大刷大挖破坏山体稳定。在土体中，选线应特别注意山体的强度和含水情况，避免淤泥、软土、流砂及富水土层及可能冲刷和没的地带；注意离开重要建筑物一定距离，避免在高楼下直接通过；注意与可能采用的施工方法相结合，避免或减小土体的扰动和侧移。

应该指出，洞线选择时，在平面上一般应力求短直。在有弯曲时，交通隧道的曲度应满足视距上的要求。在纵向，应注意不妨碍排水，平行洞间的间距一般应不小于开挖高度的2倍（岩石中）和5倍（软土中）。

二、岩土洞室工程的洞型选择

岩土洞室工程的洞型（横断面形式），应在尺寸满足使用要求（如水工上的水力条件，交通上的行车条件等）的前提下，根据岩层条件及山岩压力的大小选择圆形、蛋形、椭圆形，或方形、梯形、矩形，以及圆拱直墙形或马蹄形。其中圆形受力条件好，为有压隧洞所常用；蛋形用于地质条件差的情况，它在竖、横向山岩压力均较大时，可以改善衬砌的应力状态，使各断面以受压为主，不配筋或少配筋。当岩石较坚硬完整、垂直山岩压力较小、侧向山岩压力无或较小时，可用圆拱直墙形。马蹄形是一种常用的洞型，它适用于岩石比较破碎、不仅洞顶而且洞壁崩塌危险严重、竖横向山岩压力均较大、底部也存在自下而上的山岩压力作用的情况。其他形式，如方形梯形和矩形都适用于岩体较好的情况。

当按选择的洞型施工时，最终需要控制衬砌内轮廓线的形状。实际的开挖线应考虑衬砌的厚度及开挖尺寸的超欠与平整度等，并予以适当的外放来确定。洞身应根据需要作成混凝土、钢筋混凝土、喷射混凝土、喷锚、石料或装卸式的衬砌，洞门可根据需要作成端墙式、翼墙式、环框式、遮光棚式，必要时还需按要求进行内装（对公路有顶棚、通风、照明、排水、防水等）。

第三节　岩土洞室工程的衬护理论

岩土洞室工程的稳定性评价问题从古典的压力拱理论到弹塑性理论是一个突破性的进展。但是由于实际岩体的复杂性、影响因素的多样性以及计算模型与实体模型的差异性，目前还没有形成统一而成熟的计算理论。在发展半定量、定量分析方法（解析法、数值分析法）的同时，定性分析的方法仍然有十分重要的作用。

一、岩土洞室工程体系的共同工作

岩土洞室工程的衬护理论应该反映围岩构造、支护结构与施工方法之间的共同作用。由于岩土洞室工程成洞（施工问题）后，只要衬砌不坏（设计问题），洞室总能保持稳定，因此，衬护理论的核心就是要解决衬护结构的设计问题，其目的就是要正确确定洞室衬砌结构的实际受力及所需的厚度和刚度。解决这个问题的方法，在早期只是地面结构设计思想的延伸。它以衬砌结构为中心，只考虑衬砌承受的荷载和弹性支承。这时，普氏（IIPOTOHOM）山岩压力中的牢固系数值 f 和弹性地基梁的反力系数值 k 的确定就成了洞室工程岩石力学的全部。后来，芬湟尔（Fenner.R）卡柯（Caquot.A）发展了这种衬砌设计的理论，论证了“衬砌刚度—变形—山岩压力”三者之间的关系，提出了衬砌设计优化的思想。20 世纪 70 年代以后，有限元、边界元、离散元等方法的兴起，将围岩视为弹塑性体或粘弹塑性体，并考虑锚固体系与围岩联合工作来进行应力分析，从而使围岩稳定性分析成为洞室工程设计的内容。它需要先进行围岩的应力分析，论证围岩是否需要加固，然后根据需要再进行加固体的设计。这种共同作用的思想与现场的试验监测、信息反馈和反分析相结合，就将岩土洞室工程的衬护理论推向了新的阶段。它正在以地下工程向“大、深、长、群”发展的趋势为背景，面对一系列新的问题。由此可见，当代的岩土洞室工程正在由以衬护结构分析为中心发展到以围岩稳定分析为主要内容，出现了结构荷载法和有限元法两种衬护理论。结构荷载法因其简单易行和已有了长期的经验而仍然在一般洞室设计中广泛使用，而有限单元法虽然较为复杂，但因其具有更强的适应性和合理性，已经成为复杂条件下大洞室设计的主流。本节将主要讨论荷载结构法的衬护理论。

荷载结构法的衬护理论首先要求得到衬砌结构上作用的荷载，然后算出结构中的内力，据以设计结构的尺寸和配筋（刚度），再验算结构材料的强度。确定结构上的作用荷载，尤其是确定山岩压力和围岩抗力，是这类的衬护理论的核心；其他的荷载，如衬砌自重、回填土的荷载、行车荷载、内外水压力（以上均为主要荷载）、灌浆压力、冻胀压力、混凝土收缩应力、温度应力、地震应力（以上称附加荷载）及其可能的组合均比较容易确定。由于衬砌结构在受到计算荷载组合的作用后发生变形时，围岩压力促使结构向着洞室（向内）变形、围岩抗力抵抗结构向着围岩（向外）变形，主动状态的围岩压力和被动状态的围岩抗力，分别反映了围岩构造特性和支护结构特性。围岩压力一般按均匀分布设计，再用不均匀分布校核。围岩抗力只产生在衬砌结构向外变形的那一部分周边上，其范围和大小随结构变形的不同而不同，一般可按工程类比法假定或通过计算（用局部变形理论，即 Winkler 法；或共同变形理论，即弹性半无限体法）确定。由于衬砌后面的密实回填是提供抗力的必要条件，而在拱顶两侧 40° 的范围内，往往又因其不易填实而无相互作用，提供不了抗力，故常不计入抗力范围。可以看出，这种理论一般无法考虑开挖衬砌修筑方法（如先拱后墙，先墙后拱以及衬砌时机等）和围岩与结构共同工作的影响，这就需要在确定围岩压力时作出比以往采用某一固定值的方法（如普氏理论等）更加切合实际的考虑，使设计趋向优化。虽然这种优化方法的思想无疑是一个发展，但定量化地确定围岩压力还存在不少的困难，还不得不借助经验方法来解决。现对山岩压力问题作出进一步的讨论。

二、岩土洞室工程的围岩压力

由于围岩压力是荷载结构法计算洞室工程时最主要、最难定的荷载，因此，它一直是洞室分析中核心问题之一。在围岩压力问题上最古老的理论是将围岩视为松散介质（著名的普氏理论、太沙基理论等）。它认为岩体的整体性被其中很多缝隙，节理及夹层破坏后可在一定程度上视为没有联系的散体，不能承受任何拉应力。一旦应力超过了岩层强度，裂隙的扩展会使岩块坠落，使支撑受到某些坠落范围松散岩土的压力，这种围岩压力可以称之为散体压力。普氏法考虑的坠落范围为平衡拱以下的范围，其计算值对坚硬岩土偏大，对软弱岩土偏小；太沙基法考虑的坠落范围是洞室上方的土体，但它要受到破裂面上摩擦力及粘聚力的作用。它们都没有考虑到诸如洞室的几何形状、衬砌刚度、施工方法等因素的影响（普氏还未考虑洞室埋深的影响）。后来，围岩压力问题的发展又将围岩视为弹性连续介质，认为裂缝等的存在不影响应力应变的传递，只降低岩层的抗拉强度，且大部分岩层在常温时的单向受压或复杂受力状态下的快速加载以及震波在岩层中的传播规律均符合弹性规律。此时，可按弹性力学的接触问题，考虑衬砌与围岩的相互作用，将衬砌作为弹性衬砌环，求取围岩压力。它除了考虑衬砌和岩层间的摩擦力与粘聚力外，对洞室埋深、衬砌尺寸和刚度等的影响都能有所反映，但由它得到的围岩压力与洞室埋深成正比，与大多数实际情况不相符合，因为它没有考虑施工方法、开挖暴露时间以及衬砌后压力的增长规律。因此，鲁宾依特认为要考虑这些因素必须将围岩视为弹塑性体，且洞室外围岩中的弹性区与塑性区是连续的（否则就变成了平衡拱问题）。他提出了圆形洞室上的围岩压力问题，比较全面地考虑了洞室埋深、形状、尺寸、岩土性质、衬砌刚度、时间影响等因素。进一步的发展提出了考虑支护迟早对围岩压力影响的重要性问题。但不同研究者考虑围岩弹塑性性质时因假定条件不同而有不同的结果，还没有形成系统的、可用于实践应用的理论。

综上所述，可以对洞室工程的围岩压力问题作出如下的认识：

①围岩是指受工程力的影响、且与洞室稳定有关的那一部分岩体；围岩压力是指衬砌支护阻止围岩松弛移动变形（下塌）时所受到的压力。

②围岩压力可由经验公式或理论分析求得。在理论公式中，对于松散岩体和土体，围岩压力可采用松散介质理论确定的散体压力，但其中的有关参数（普氏公式中的牢固系数或称似摩擦系数 f 太沙基公式中的侧压力系数 K）需考虑经验予以修正。对于坚硬、有明显节理裂隙或构造断层切割的岩体，围岩压力应同时考虑松弛压力（刚支护时作用的压力）和变形压力（支护后产生的压力）。连续介质的弹塑性理论为确定松弛压力和变形压力提供了思路，它有利于正确了解围岩压力各影响因素的机理，为

进一步研究和实用提供了思考的空间，可在一些难于理论解决的环节上积累经验关系，先打通理论与实用间的通路，逐渐缩小二者之间的差距。在这方面，有限元法因其具有一系列的优点，有望作出更好的贡献。它的发展已深入到流变、断裂、动态、大变形、三维、非线性、渗透固结、浸水膨胀、无限域以及反分析等各个方面，为用数值方法解决围岩稳定问题开辟了广阔的前景，成了目前一般复杂条件下大型洞室工程的重点支柱之一。此外，对于完整、仅有少量密闭裂隙的坚硬岩石，当洞室的开挖宽度不大时，可以不计围岩压力的影响。

③岩体中原来的地应力场是重力场与构造应力场的综合。重力场可由公式来计算；构造应力场由地质构造运动而产生，又随时间而释放和变化，十分复杂，应通过实测。但它在地表或边坡非坚硬岩体中可以因其长期产生的释放而忽略不计。当在岩体中开挖洞室时，原来的地应力场要引起局部重分布（二次应力，可由弹性理论计算）。由于洞壁处的应力由原来的三向应力状态变为二向应力状态，出现应力集中。在超过岩石强度的范围，岩体出现松动，称为松动圈或塑性圈，承受的应力降低；再向外的一定范围内，应力增加，处于弹性状态，成为承载圈或弹性圈；继续再向外，岩体的应力才不受开挖的影响，仍保持天然应力，称为天然应力区。由于围岩变形滑移、塌落而作用于支护衬砌上的压力可以分为松动压力和变形压力。松动压力由塑性区内围岩的松动、滑塌而产生，一般等于塑性区塌落体的自重压力。它随着塑性区的扩大而逐渐增大；变形压力指由围岩的弹性恢复变形和塑性变形在支护衬砌上所产生的压力，它随着塑性区的增大而减小。如果洞室没有支护，即支护力等于零，则只有松动压力，且松动压力可以发展到它的最大值。如果在松动压力发展到某值时开始设置支护，则支护上最初只作用有此松动压力，而后，围岩的继续变形（弹性变形和塑性变形）又在支护上引起变形压力。有了支护后，虽然塑性区最终要有所缩小，但变形过程中却有所增长。随着塑性区的扩大，变形压力减小，松动压力增大，直至塑性区不再发展时才形成确定的变形压力和松动压力，二者之和构成了作用在衬砌结构上的围岩压力。由此，如支护过早，虽然松动压力小，但以后在支护上产生的变形压力大；如支护过晚，虽然以后在支护上的变形压力小些，但松动压力大，容易出现坍塌。所以，选择有较大变形但又不致发生岩土坍塌的时刻开始设置支护，可使支护上作用的压力减小。

三、岩土洞室工程的衬砌结构

衬砌结构的设计是洞室分析的另一个核心问题。当利用围岩压力等荷载计算洞室的衬砌结构时，因其为一种超静定弹性拱，应视结构形式的不同而采用不同的方法计算它的内力，以便按破坏阶段验算结构的截面强度。一般对半衬砌式结构，因拱圈直接支在围岩侧壁上，可按固端无铰拱考虑，并考虑拱脚位移的影响，不产生弹性抗力

（围岩坚硬、拱形较尖时可能有弹性抗力）；对曲墙式衬砌结构，拱圈与曲墙作为一个整体，按无铰拱考虑，不考虑仰拱（因为拱后建筑）对衬砌内力的影响，抗力区在两侧边（此区内摩擦力很小），墙脚在地基上弹性固定，有转动及竖向位移。对直墙式衬砌结构，拱圈按弹性无铰拱支承在边墙上，边墙按弹性地基上的直梁计算，并考虑它与拱圈间的相互作用。弹性抗力假定为二次抛物线分布。

应该说，如果洞室的衬砌结构设计合理，则只要它不破坏，洞室将不会有稳定问题。但当由于岩体的节理切割而可能在洞顶及洞壁形成危岩，影响衬砌施工时，应验算其局部稳定性，并作及时的适当处理（锚喷）。此外，当由于急倾斜岩层、洞顶破坏带、危岩、高边墙侧壁裂隙切割、岩壁软弱夹层坍方或浅埋洞顶地表横向坡度较大（傍山隧道）等原因而出现偏压的情况时，仍是理论研究上的难题。当有双洞或洞群相邻穿越较复杂的岩体时，洞与岩之间的相互影响及其与洞室围岩压力和围岩稳定性的关系也是一个急需研究的课题。目前，对它除作出应力场的分析外，常需保持一定的洞间间距（如岩石中为 2 倍开挖宽度，软土中为 5 倍开挖宽度等）以避免岩体应力的相互影响。对于两相邻洞室间的最小间距应能承受两洞室间上覆岩柱总重量的所谓轴心压柱理论已证明会使间距偏大。还有，施工方法对围岩压力的影响问题虽已为大家所承认，但对它的研究仍然不多，值得今后的重视。最后，作为地下洞室一种主要形式的竖井，其围岩压力理论有自己的特点，目前虽多建立在挡墙土压力理论基础上，也可分为散体理论和连续介质理论，但在井筒对围岩的影响问题上仍需作进一步的工作。

第四节　岩土洞室工程的成洞技术

岩土洞室工程的成洞技术，需要解决洞室的开挖支护、衬砌与回填问题，解决为施工提供条件所需的降水问题，解决为确保施工安全和设计可靠所需的监测预报问题，以及解决施工中遇到的各种急难问题（塌方、流砂、溶水、岩爆、毒气和粘土因膨胀或压力进入洞室）。其中，最基本的是开挖支护问题，最困难的是解决急难问题。这两方面的问题将成为本节讨论的重点。

一、岩土洞室的开挖与支护

1. 概述

岩土洞室的开挖已经经历了上、下导坑的人力开挖，上导坑、漏斗棚架的半机械开挖，大断面、全断面的钻爆开挖以及以钻爆为主的新奥法、掘进机开挖等几个发展阶段。目前，洞室的开挖一般有暗挖方法（矿山法、盾构法、掘进机法和顶进法）和明挖方法（基坑法和盖挖法）还有在它们基础上结合岩体开挖的具体条件、外加一些其他技术的特殊方法（冻结法、沉管法、沉井法、连续墙法、注浆法）。

在不同的围岩中进行开挖施工时应该考虑围岩的特性对Ⅰ、Ⅱ、Ⅲ级围岩，它的成洞条件好，可根据断面大小、岩体完整性及自稳性可采用全断面开挖或上、下半洞开挖法，隧道进口段应采用复合式衬砌或整体式衬砌，其他段采用喷锚衬砌;对Ⅳ、Ⅴ、Ⅵ级软弱围岩，它的成洞条件差，如隧道的跨度小于6m，要尽量一次挖成，减少分部开挖对围岩的反复扰动。隧道的跨度较大时，宜采用分部开挖，如先拱后墙法、先墙后拱法、正台阶法、留核心土法、上或下台阶法，需要根据隧道类型、截面尺寸、埋深、围岩类别、水文条件、施工机械等条件确定具体的开挖方式。由于隧道拱部的荷载是不均匀的，在拱肩部最大，拱脚部次之，拱顶部最小，因此采用三心圆拱是比较符合地层压力的。虽然，不同的开挖方式对围岩的扰动不同，变形机理也不同，但可以结合施工生产要素及施工生产能力归纳出带有共同性的施工原则，如“管超前、预注浆、勤排水、小断面、留核心、短进尺、弱爆破、强支护、早成环、勤量测”。

为了在开挖施工中确保隧道围岩的稳定性和人身安全，对软弱围岩需要采取有效的支护措施，如喷射混凝土、挂钢筋网、系统锚杆、注浆、钢格栅、钢拱架、超前小管棚以及大管棚等，它们在通常情况下，可以多种支护措施联合使用。喷射混凝土是隧道工程中应用最为广泛的支护措施。喷层的厚度以10 ~ 20cm为宜，太薄时围岩的变形较大，喷层易产生裂缝；挂钢筋网的主要作用是提高喷射混凝土的整体性，防止收缩，并使混凝土中的应力分布均匀。钢筋的直径宜采用4 ~ 12mm，钢筋的间距宜在150 ~ 300mm之间；锚杆对隧道位移控制、确保衬砌受力的合理性以及对塑性区的控制均有明显的效果，是一种重要的支护手段。锚杆的合理长度为2.5 ~ 3.0m(长度超过3m后，锚杆超长部分的作用就不很明显）；注浆主要适应于围岩比较破碎、泥岩夹心、地层含水量丰富的隧道。采用水泥—水玻璃双液注浆时，对隧道围岩破碎带的加固具有显著的时间和强度效果；钢拱架是一种强力支护措施，多见于围岩较破碎和隧道的进出口段；超前小管棚加注浆是浅埋偏压隧道通常采用的一种超前支护技术，亦可应用于软弱地层。它是在拟开挖的地下隧道或结构的衬砌拱圈隐埋弧线上，预先设置厚壁钢管，起临时超前支护作用，防止土层坍塌和地表下沉，以保证掘进和后续支护工艺的安全运作。超前小管棚的长度约3~6m，直径约4~8lcm，搭界长度一般不小于1.2.m，环向间距约20~50cm，倾角1° ~ 5° 。大管棚一般是针对隧道进出口段超浅埋新黄土设置的一种强力支护，长度可达30m左右，直径约10cm。

此外，在土质隧道的钢拱架初期支护中，在上台阶或上半洞支护面开挖完成并架设钢拱架后，常应用锁脚锚管将其根部固定。锁脚锚管的作用不同于锚杆，它的作用是尽可能地限制钢拱架支座的自由变形，使其尽早承担围岩变形引起的压力，保证隧道初期的稳定性。锁脚锚管一般与水平面呈30° 夹角的下倾方向布设，长度宜为2.5m，埋置锚管采用注浆与围岩土体固结，自由段与钢拱架连接。

还有一种值得注意的情况是土、岩接触地层问题。由于土、岩介质在力学性质上差异大，它们的接触面也可能是潜在滑动面。一般地，松散堆积覆盖层形成年代较短，覆盖土层的孔隙大、较松散；它的下伏岩层风化较强，裂隙发育，下伏岩层性质的不同，对上覆土层会产生不同的影响。若下伏岩层为性质不稳定的泥岩、页岩时，易滞水软化岩土材料，会形成不稳定结构面。同时，由于土层与岩层接触部位处土、岩力学性质的显著差异，以及结构面倾向、走向与洞轴向的空间分布变化，这种地层结构不仅表现为工程地质条件上的特殊性，而且使得隧道围岩力学性质发生显著的变化，土、岩体有不同的变形发展和支撑能力，因此，按常规设计方法提供的支护措施往往会与实际的围岩压力不相匹配，需要考虑到接触地层的特性。虽然，接触地层条件是一种特殊的地层条件，但它仍经常会在隧道建设中遇到，如已建神延铁路羊马河隧道、甘肃省陇西县新松树湾隧道以及正在建设的山西离军高速公路隧道、宝天高速公路隧道等。它会在黄土地区的隧道施工过程中引起塌方事故，严重影响隧道工程的进行。例如，山西离军高速公路隧道工程和宝天高速公路黑岭隧道工程在开挖时所发生的塌方。

2. 岩土洞室工程的开挖施工

岩土洞室工程的稳定性，在应用期间主要靠衬砌结构，它的工作是永久性的；在施工期间主要靠支护结构，它的工作是临时性的。但有时，为施工期的围岩稳定而采用的支护，如喷锚支护，也是应用期内衬砌结构的一部分。它既应该参与前述关于衬砌结构的设计，又应该满足本节关于支护结构的要求，确保洞室开挖过程的顺利完成。

由于岩土洞室工程的开挖与支护是互相影响的，因此，它们应作为个整体来考虑，其总目标都是提高工效，保证质量，减小岩体的扰动，防止事故的发生。洞室的开挖除一般主要的暗挖方法和明挖方法外，还有在它们基础上结合岩体开挖的具体条件、外加一些其他技术的特殊方法。

（1）暗挖方法。

暗挖方法就是由选择的洞口开始，沿洞线推进，在地下边开挖、边支护、边衬砌、边回填，必要时也可在沿线布置若干个竖井或旁支洞，以便增多开挖面，加速开挖速度。主要的暗挖方法有矿山法（或称钻爆法、坑道法）盾构法和顶进法。这些方法中，对于岩质洞室，矿山法仍然是最主要的方法。矿山法那种“出大力流大汗”的时代已经由于机械化程度的提高而一去不返了。它与新奥法原则的结合，使其不但适用于各类岩石，而且可以拓宽到土质隧道，从而提高了人们对付软弱地层的能力和控制地表沉陷的能力。因此，矿山法仍然量大面广，成了当代洞室开挖的主旋律。对于软土中的土质洞室，盾构法具有明显的优势。它集开挖、衬护、回填于世身，得到了软土中“游龙”的美名。这种软土盾构法施工原理的进一步扩展，形成了岩体中的隧道掘进机施工（TBM）的方法。掘进机施工的方法广泛使用了电子、信息等高新技术对全部作业实行制导与监控，使掘进过程始终处于最佳状态。它的掘进速度一般为常规钻爆法的 4 ~ 10 倍，最佳日进尺可达 150m，从松散软土到坚硬岩石（抗压强度 280 ~ 350MPa）都可应用。这种掘进机施工的方法向大直径、大埋深、不定形断面、多工作面方向的发展，不仅适用于隧道，而且可用于大型地铁车站及水工压力斜井的开挖。由于它体现了计算机、新材料、自动化、信息化、系统科学、管理科学、非线性科学等高新技术的综合和密集，反映了一个国家的综合国力和科技水平，也代表了掘进技术的发展方向。

（2）明挖方法。

明挖方法就是将围岩自地表揭开，在围岩明露的情况下逐层逐段下挖，至设计高程后再施工洞室结构，然后做好洞顶回填。它适用于上覆岩土厚度在 12m 以内（或到 20m），且地面上一定范围无建筑物或设施的情况。主要的明挖方法有基坑法和盖挖法（或称逆作法）。此外，还可采用沉井法、沉管法、连续墙法、注浆法及冻结法等特殊方法。明挖的基坑法实际是降低地下水位，然后自地面开始分层分段开挖，随时刷放边坡，必要时予以支护（型钢支护、连续墙支护、混凝土灌注桩支护、土钉墙支护、锚杆索支护、钢筋混凝土和钢结构支撑支护等），直到设计高程后，再作衬砌结构施工及防水工程与洞顶回填。衬砌结构有直墙拱形结构或矩形框架结构（单跨、双跨、多跨、多层多跨）；防水措施有混凝土防水（改善骨料级配、掺人附加剂），卷材防水（外贴、内贴的毡油互层），抹面防水（素灰、砂浆、水泥）以及涂层防水（乳化沥青、煤焦油）等。明挖的基坑法，因其施工简单、快捷、经济、安全，是可以首选的技术。但因其对环境的影响较大，或会干扰地面交通，或缺乏必要的施工场地条件，故近年来又发展了一种盖挖法。盖挖法可以先在边坡有支护（连续墙、混凝土灌注桩等）条件下，向下开挖到一定深度，然后顶部由盖板框架结构棚起，以改善环境和交通，然后，在盖板的保护下再向下开挖，直至完成洞室结构。此时，如自上而下地逐层开挖、逐层做结构，则称为逆作法；如一次开挖到底后再做结构，则称为正作法。逆作法适用于地质条件复杂、开挖断面较大的情况。这种方法在城市隧道工程中具有明显的优越性，引起了人们的重视。

（3）特殊方法。

特殊方法是以上述暗挖、明挖的方法为基础，结合岩体开挖的具体条件，外加一些其他措施的方法。如能使土体加固增稳的注浆法、冻结法，如水域明挖的沉管法，如能使涵、隧穿越现有交通线的顶管法，如能适应开挖竖井和深井井筒特点的沉井法与钻井法等。

注浆法系使化学浆液、水泥浆液或粘土浆液，靠重力、压力、渗透或喷射的方法进入岩土体中，以起到加固岩土的作用。

冻结法是用人工制冷方法固结不稳定岩土，形成冻结壁，隔断地下水，工程完工后，再使冻结壁融化，岩土还原的方法。

沉管法是将预制的管段先两端封闭，由水上运拖定位后，再灌水压载，使管段逐节沉入预先挖好的水底基槽，然后使其相互连接，最后覆土回填的方法。沉管法的施工质量有保证，工程造价较低，现场施工期短，操作条件好，对地质条件适应性强，适用的水深范围大，断面空间利用率高，只要解决好管段防水和地基处理（消灭因槽底表面不平整引起的有害空隙）两个问题，应是一个在水域隧道施工的好方法。目前，对于解决这两个问题已经有了有效的方法。管段的防水可用钢壳防水，玻璃纤维油毡的卷材防水和防水混凝土防水；地基的处理可用先超挖 60 ~ 80cm，再填入铺填材料刮平，放置管段，然后加足压载使其紧贴。填入铺填材料时可通过管段底上预埋的压浆孔向垫层注浆（称为先铺法），或在超挖的沟底安放临时支座，待管段沉毕后，再向管底空间内用由两侧灌砂或砂泵喷砂的方法回填（称为后填法）。如地基土层软弱，还可采用桩基等方法预先作地基处理。

顶管法是先顶入两侧壁，再顶进顶板，再挖去中间土体的方法。它亦可先将钢管垂直线路压人，作为横梁，支承在与线路平行的主梁上受荷（亦可再压入侧壁，承受侧土压力），在其下挖土成洞。此外，在铺设管线时，亦可先在沿线分级开挖竖井，在井内将平置的管段逐节顶向土中，边掏土，边顶进，边调整定向。

钻井法是通过大直径钻机（最大直径 9.3m）驱动钻杆及钻头，钻进成井（一次超前钻进、分级扩孔成井），泥浆护壁，压气排渣，井壁漂浮下沉，然后在壁后充填固井的方法。

下面的讨论将着重于隧道（洞）的矿山法（结合新奥法原则）、盾构法（结合掘进机法）这两种有“主旋律”和新方向特点的方法。

二、矿山法与新奥法

1. 矿山法

矿山法（常称钻爆法）的开挖方法视地质条件和洞室尺寸而有所不同。如果围岩稳定性好，洞跨和壁高较小，则可以全断面开挖，或一次开挖，或台阶继进；否则，如断面尺寸较大，常用分部开挖。它在围岩基本稳定时用台阶法开挖（上台阶法、下台阶法、侧台阶法）；在围岩较差时，用导洞法开挖（先墙后拱法、先拱后墙法）。导洞法开挖虽然工效较低，但可以较好地解决围岩压力与支撑困难的矛盾，且在含瓦斯的地层中开挖时，超前的导洞有利于对瓦斯的及时监测预报，防止事故出现。导洞法还可通过采用多导洞（拱部多导洞、或边墙多导洞），并与台阶法结合来组织施工，更有利于处理大断面，尤其是特大断面开挖中开挖支护与围岩性质的结合。其中包含一些基本的施工方法：漏斗棚架法、反台阶法、正台阶法、全断面开挖法、上小导洞先拱后墙法、下导坑先拱后墙法、品字形导坑先拱后墙法、侧壁导坑法等。

洞室的开挖与支护是一个整体，它除需用衬砌作为一种永久性的支护外，围岩较差时常需作临时支撑，边挖边撑或先撑后挖，最后再抽去临时支撑，完成永久衬砌。这种传统的撑抽方法，虽已积累了不少经验，但由于洞室规模的加大，从改善围岩的角度来提高被挖围岩稳定性的方法，日益得到了人们的重视。例如：用管棚注浆法，在开挖前先在洞顶断面的外围插设钢管注浆，形成防护顶盖；用旋喷注浆法，作成直径 Φ60cm 的圆柱混凝土改良体；用小管注浆法，在开挖面的前方预先插管注浆，固结地层；用锚网喷射混凝土法，在开挖过程中及时封闭工作面。如果上述方法与格棚拱或钢拱架（开挖后可立即安装，防拱顶坍塌）相结合，即用格栅拱喷射混凝土复合支护法，锚喷网钢拱架复合支护法，超前小导管钢拱架复合支护法等，则可以收到更好的效果。它们是浅埋、大跨、风化破碎岩中隧道施工的良好方法。但是，矿山法与所谓新奥法原则的结合，才是从理论与实践上使矿山法出现飞跃的基础。长期的工程实践已经总结出了“管超前、严注浆、短开挖、弱爆破、强支撑、快封闭、勤量测”，或者“管超前、预注浆、勤排水、小断面、留核心、短进尺、弱爆破、强支护、早成环、勤量测”这一整套在软弱围岩中成洞的施工原则。

2. 新奥法

新奥法是新奥地利成洞方法（New Austria Tunneling Method, NATM）的简称。它基于对围岩压力发展规律的认识，为隧道的设计和施工提出了指导性的原则。这种原则是在隧道断面开挖时，尽可能迅速地、连续地观测围岩的变形和位移，并及时以锚喷作为临时支护（第一次衬砌），以封闭岩体的张拉裂隙和节理，加固围岩结构面，利用它在岩块间镶嵌咬合的自锁作用稳定围岩，控制围岩的应力和变形，防止松弛、坍塌和产生松散压力等作用。然后逐步增加支护措施（加厚喷层、增设锚杆、钢筋网等），以提高支护层的抗拉能力、抗裂性和抗震性，至基本稳定后，再加做模注混凝土的“二次衬砌”（原来的临时支护成为永久衬砌的一个组成部分），以便承受水压力、后期形变压力及可能的地震力，达到隧道结构物安全、耐久、防水和饰面的要求。这种方法可使锚喷支护与围岩结合在一起，尽可能地防止围岩发生掉块，减小围岩因不均匀变形而发生的松动，形成能够自身稳定的承载环，承担荷载（是变形压力，不是塌方荷载），共同变形。这种柔性面支护与围岩密贴，既能让围岩产生较大的变形，较多地分担围岩压力，发挥自承能力，减小支护分担的变形压力，又能保证围岩不产生松弛、失稳、局部脱落、坍塌等现象。由此可见，新奥法原则是一种积极支护的原则。它与以往那种开挖、支撑、衬砌、回填的被动施工方法具有明显的不同。它突出了充分利用围岩自稳支撑能力和信息化（量测、调整施工方案与参数）两个核心点。这种方法虽然还处于经验累积阶段，但它已经被广大隧道设计施工人员所接受，并通过它与有限元的设计计算方法和及时的变形观测与控制的紧密结合，在喷锚支护的量化设计、支护的时机与形式、施工控制等问题的研究上，已经取得了巨大的进展。

三、盾构法与掘进机法

1. 盾构法

盾构法始于 1818 年，是法国工程师 M. I. Brunel 的专利。现在，它已成为软土隧道施工的重要方法。微型的盾构（直径 2m 以下）常用于各种直径的雨水、污水、自来水及电缆管道的建造；双联、三联、四联的盾构，已能完成宽度达 17m 以上的洞室施工。虽然，盾构法有灵活性差、机具昂贵、断面尺寸受盾机的限制、断面利用率低、需要严密的监控措施等缺点，但由于盾构施工的优越性，它是目前城市地下工程和越江交通工程经常采用的方法。国内大规模的地铁建设已经使得中小直径、土压平衡盾构的制造与施工技术得到了迅速的发展。减小盾构在超净距离处施工时对已建工程影响的微扰动施工控制技术，超大直径盾构施工的正面稳定控制技术，均已得到了研究者的重视，取得了宝贵的经验。

盾构是一种钢制的活动支撑或活动防护装置（也是通过软弱含水层修建隧道的一种机械）。在它的掩护下，头部可以安全地开挖地层；尾部可以装配预制管片或砌块，做成永久衬砌，并将衬砌与土层之间的空隙用水泥压浆填实，防止周围地层的继续变形和围岩压力的增长；中部为支承环，可以支撑周围岩体，并提供工作空间。盾构的推进主要靠支承环内部的千斤顶。千斤顶由顶块顶在拼成的衬砌环上，可将支承环推进到已挖好的空间内，然后再缩回活塞杆，为下一环拼装创造条件。如此不断开挖，不断拼装，不断推进，直至隧道建成。

（1）盾构的组成部分。

盾构一般由圆形盾构壳体、推进系统、拼装系统和出土系统四个部分组成。

①盾构的壳体包括切口环、支承环和盾尾，由外壳钢板连成整体。切口环有刃口，施工时可以切入土中。在它的掩护下工人可以在开挖面上安全施工。切口环可以上下等长，也可以顶部较长，或者前可以活动伸缩。支承环为承受一切荷载的核心，刚性圆环结构，空间设有纵横向隔板，分别承受压力和拉力。横向隔板上设有可伸缩的平台，安设液压动力设备、操纵控制台、衬砌拼装等。支承环外圈安置推进盾构的千斤顶。局部气压盾构时，还要安设减压闸。盾尾部掩护工人在其内安装衬砌，设有密封，

以防水、泥、浆进入盾构。

②盾构的推进系统由盾构千斤顶和液压设备组成。当盾构千斤顶上下左右在活塞杆冲出长度不同时，可以达到纠偏的目的。顶部的千斤顶做成二级活塞杆，以增加伸出长度，便于封顶管片的纵向插入。液压设备负责盾构的能量供应及调控油压、电磁开关、千斤顶活塞的收伸。

③盾构拼装系统为衬砌拼装器（举重臂），安装在支承环上，能旋转、径向运动，还能沿隧道中轴线作往复运动。

④盾构的出土系统分有轨运输、无轨运输、管道运输等不同出土方式。出土方式直接影响到盾构推进的速度和施工场地的安排。

（2）盾构的形式与工作。

盾构可分为手掘式，半机械式及机械式。各种形式可分为散胸式和闭胸式，或散（网格）闭两用式。

①手掘式（半机械式）的散胸盾构，因其盾构散开，可以观察地层的变化，但它的工作面在正面散开，施工时容易发生塌方。故当开挖面难以保持稳定时，可采用正面支撑、支撑千斤顶（随挖随撑）或气压措施。此时，人工井点降水是排除地下水、稳定开挖面的一种经济方法。但当盾构在塑性粘土及淤泥中工作时，即使采用气压也难使工作面稳定。此时，盾构正面需用胸板密闭起来，土体可从胸板上的孔中挤人盾构，装车运出。它无需支撑，但会造成地表隆起（约 2 倍盾构直径范围内），适用于空旷地段、河底、海滩等处。开孔的面积视隧道直径大小及土质而定（林肯隧道有意放人 20% 的土堆在隧道底部作压重，防止衬砌结构上浮）。当隧道结构上方的土因结构破坏发生隆起时，可能形成一个卸载拱，而水平压力未变，发生竖向直径增大，横向直径减小的现象，称为椭圆率现象（盾构已很远时，竖向直径又减小，横向直径又增大）。

②机械式闭胸盾构是为了改变施工人员在气压舱内工作（气压盾构施工时，气闸将盾构分成气压段和常压段，施工人员需在气压段工作）。此时，在盾构内设置隔板并用刀盘切削。隔板与面板之间可以用气压加压可以用泥水加压，也可以用土加压，使面板两侧的压力平衡，以保持开挖面不致坍塌。气压加压的方法，盾尾密封较难，已拼好的衬砌区段易渗水，遇透气系数大的地层时漏气量大，气压难保持，且出土装置易坏，目前很少采用；泥水加压的方法（已做到 10m 盾径），可在遇到含水砂烁层时在切削刀盘后加设隔板将盾构密闭，刀盘切下的土可搅抹成泥浆，由泥浆泵排出；土压平衡的方法，整个密封舱内为刀盘切削下来的土，多余的土由螺旋输送机送出，出土量与刀盘的切削速度密切配合，且螺旋输送机的压实作用有利于止水和保持开挖面的稳定，可在任何地层中施工。它在地层透水系数大且地下水位高时，还可再在出

土箱处注水，并用管道将泥浆排出地面。

③盾构的操纵与纠偏

应该指出，盾构的操纵与纠偏是一个值得注意的问题。盾构在地层中推进时，实际轨迹象蛇行一样，时起时伏，左右偏差行进，这是因为盾构经过的土层不均匀、正面四周阻力不一致、千斤顶的力不一致、结构重心偏于一侧、衬砌环缝防水不一致等原因所致。此时，可调整千斤顶编组（停开偏离方位处的几只千斤顶，偏高时使用先压后抬，偏低时先抬后压）；也可调整开挖面的阻力（超挖、欠挖或改变进土孔的位置及开孔率，或伸出结构壳体左右两侧的阻力板）。为防止因盾构重心不通过轴线和大型旋转设备的影响而发生的盾构旋转，可在旋转方向上加反侧压重；或在盾构两侧装水平鳍板；或经常改变大设备的转向，调整左右拼装程序等。衬砌的拼装（运送、就位、成环、做好衬砌防水）可用拱托架拼装或举重臂拼装，应自下而上，左右交叉，最后封顶成环。拼装的工作可以“先纵后环”，拼一块即缩回这一部分的千斤顶，其他仍支撑着，逐块轮流，直至成环；可以“先环后纵”，环面平整，接缝拼接质量好，但在易产生盾构后退的地段不宜采用。最后，应该向衬砌背后压浆，将盾尾和衬砌之间的建筑空隙填满，以防止隧道周围变形，防止地表沉陷和地层压力增长，改善隧道衬砌受力状态，使衬砌与土共同变形，减小衬砌的圆率（自重及拼装荷载作用所形成）以及增强衬砌的防水效能。当向衬砌背后压浆时，如地层较差，则应一次压注水泥砂浆，否则应二次压注。推进一环后，压注一次（以直径 3 ~ 5m 的砂卵石为主），以防地层坍塌，压力 5 ~ 6MPa；推进 5 ~ 8 环后，再压注一次（以水泥为主），使之固结，压力 6~8MPa。压注要左右对称，由下向上逐步进行，尽量避免单点超压注浆，且不允许中途停止。衬砌用的管片，必须保证制作精良和抗渗要求。处理好接缝（环缝和纵缝），防水用密封垫（应耐老化、耐侵蚀、承压力足够、有弹性及粘着力，常用特种合成橡胶，即氯丁橡胶）作成，或用双层衬砌，或作嵌缝槽。

2. 掘进机法

掘进机法是软土中开挖的盾构法向岩体中开挖的引伸。我国早在 20 世纪 60 年代就在“深挖洞”人防政策的推动下开始过掘进机的研究。80 年代初，又通过攻关，制造出 8 台掘进机，在一些水利、煤矿工程中得到应用。但掘进速度远远低于国际水平（仅为 1/5~1/10）。后来引进过美国 Robbins 公司的掘进机（10.8m，在天生桥二级水电站用过），效果并不太理想。甘肃引大人秦水利工程由国外意大利 CMC 公司承包，使用 Robbins 双护盾掘进机开挖，最高月进尺达 1500m(平均 1000m/月)，给我国带来巨大冲击。在修建秦岭 1 号特长隧道（18.45km 长）时，我国引进了法国 WIRTH 分公司的掘进机，穿过花岗岩、片麻岩，提前 32 天完成了开挖任务。掘进机施工的特点表现在它的同时性（各辅助设施系统同时运转）、连续性（破岩、出碴、运输、转运等连续运转）和集中性（纯作业时间仅为 40% ~ 50%（中型断面）、30% ~ 40%（大型断面）和 20%（小型断面））。掘进机施工的工艺一般采用如下的流程：

①常规洞口处理（劈坡、安全处理、场地平整、附属设施修建）。

②掘进机各部件组装（洞口外）。

③钻爆法掘进一段（机身全长），并用混凝土支护衬砌。

④将风、水、电、路、激光定向点引人洞内。

⑤整机入洞，侧向支撑后，刀盘顶拢岩面，削岩，装渣上胶带机，运出。

⑥刀盘推进到一定长度后，收缩侧支承，刀盘重量由前下支承承担，收缩推进活塞，侧支承向前移动，然后再将侧撑顶拢洞壁，再推进。

⑦隧洞贯通后，在洞内分大件拆除机身。

3. 顶管法

顶管法是类似盾构法的地下管道施工方法。它具有不隔断交通，小拆迁量，低环境影响等优点。当它在大断面长距离的施工时，往往会因工具管的外力不平衡，产生偏心，而遇到管线偏离轴线的问题，需要有控制顶进方向的导向机构，通过随时监测管接缝处实际顶进合力与轴线的偏心度进行调整。如用激光经纬仪，它可有一束红色的激光直指机头尾部的光，随时得到偏差值，再经过对纠偏油缸各种动作和压力的控制，来保证顶管方向。女只要遵循“勤测、微纠”的原则，使纠偏角度保持在 1 度以下或更小，就能够顺利地进行施工。对为顶管提供顶进反力的结构（沉井或钢板桩结构），必须保证其后背土体的稳定性（取 1.3 以上的稳定系数），以免造成顶进方向的失控。对于进出口处的地基应该在一定范围内进行加固处理（如水泥灌浆），避免机头下栽。为了降低顶进阻力，可采用注浆的方法在管壁与外侧的土层之间形成环状的泥浆滑润套，注浆压力保持在管顶上覆压力的 2.5 倍，并应根据对地面变形的监测和地下水位等因素调整。为了减小地层移动，在采用土压平衡式工具管时，密封土压舱内的土压力一般以正面土体静止土压力的 1.0 ~ 1.1 倍为宜。顶进时的刀盘转速、顶进速度、顶推力等施工参数应进行自动或人工的控制。对在管周因顶进或纠偏而形成的空隙应及时压注触变泥浆填充，以防施工过程中管外地层的坍塌。如果顶进阻力超过主千斤顶容许后坐力的 80%，则需要采用高强度、易安装、能精确推进、有良好水封闭性、尺寸等于管表顶外径的中间顶进站。

四、洞室工程成洞的新技术

近年来，由于地下空间的开发与利用，人们在实践中创造和利用了一系列新的成洞技术，主要有：

①利用多孔多跨暗挖技术建造大跨度的地下洞室，如地铁车站、公路隧道、地下

商场等。

②利用平顶直墙暗挖技术建造超浅埋洞室。

③利用非开挖技术（“地老鼠”）设置生命线管道。它包括导向钻进、定向钻进、冲击矛、夯管、水平顶管及螺旋钻等，它采用微型钻机，通过切割轮成孔，退回钻杆及安装管线或电缆。

④利用预砌块技术，将拱圈衬砌预制成砌块（管片），在土方开挖完成后，由拼装机拼装，再通过管片上预留的注浆孔向壁后注浆，堵塞孔隙，增加围岩与衬砌的共同作用。

⑤利用预切槽技术，即利用特制的地层预切槽机，沿拱圈将地层切割出一条宽15cm，长4 ~ 5m的槽缝，然后向槽内喷射混凝土，在其保护下再开挖其他土方，做防水层及二次衬砌，形成隧道。

⑥利用微气压暗挖技术，在压缩空气的压力（1个大气压力以下）环境下按新奥法原理施工，有排出地下水、保证工作面干燥，减小地面沉降的优点。

⑦利用数字化掘进（计算机掘进）技术，将钻杆的推进和钻孔的孔位、孔深和掘进顺序都是程序化的，方向由激光束控制，可实现掘进工艺的最优化（控制超挖，消除工作面上的人工测量等）及曲线隧道的掘进。

⑧利用降水回灌技术，或“浅抽深灌”，或“前抽后灌”，治理洞室施工中的地下水和减少地面下沉。

⑨利用抗浮技术，即设置土层垂直锚杆和土工织物的反滤减压，防治地下建筑物的上浮破坏（一般的压重法、盲沟降水法不适用于大型地下建筑的抗浮要求）。锚杆由张拉段（自由段）锚固段和锚头组成，锚固段的锚体结构用圆柱型，扩大头型，或连续球体型。

先用小直径掘进机开凿导洞，再用钻爆法扩孔到设计断面尺寸的方法（称为意大利工法），因其掘进技术比较成熟、造价低、风险小，有一定发展前景。

第五节　岩土洞室工程的施工安全与环境

岩土洞室工程的地下作业特点将施工安全（工程安全、人员安全、设备安全是互相影响的）提到了更加重要的地位。施工安全问题取决于一系列因素，如设计的正确性，组织管理的严密性，人员的素质及专业熟练性，超前预报技术的成熟性，突发事件处理的及时性以及机械化、自动化程度的先进性。本节仅针对一些对安全威胁较大的问题及对安全保护较有效的措施予以简述，以期引起必要的重视。对一切安全事故必须坚持“以防为主和及时处理”的原则；要做到“有备无患，沉着应战，抓住时机，对症下药”。

一、洞口工程与支撑拆除施工

1. 洞口工程

洞口工程是洞室工程的薄弱环节、咽喉，也是洞室工程的安全出口。因此，对于进洞方法的处理必须引起足够重视。一般应先修好洞外工程（边角、仰坡护坡，路堑挡墙，天沟、边沟等排水沟），再由导坑进洞，约达 10 ~ 20m 后，由里向外进行扩洞，在洞口段做好衬砌及洞门（仰坡需临时支护时，可用木挡板加斜撑的方法）；在支护不足以确保洞口安全时可修明洞，在其保护下开挖导坑，明洞上铺置草袋土石，可减小落石的冲击力；在洞口围岩极不稳定，一般方法难以进洞时，可在洞口附近选择一个地形合适，地质情况较好的地方，开一个横洞（或竖井、斜洞等）进洞，由内向外扩大开挖，至洞口后作好衬砌。

2．支撑折除

支撑是临时性的措施，它的“撑”（开挖时）和“拆”（衬砌时）都要求以不造成围岩的松动和坍塌为原则。开支撑时应视围岩类别采用“先挖后支”'（Ⅰ、Ⅱ类围岩）“随挖随支”（Ⅲ、Ⅳ类围岩）或“先支后挖”（Ⅴ、Ⅵ类围岩）等不同方法。应该特别做好“先支后挖”的工作。它常用插板支撑法，即开挖前先立一排架，沿导坑顶打入第一排插板（或轻型钢轨等护顶构架），并使其略向上翘；然后随挖随打入插板，在挖至第二排排架位置时，即架设第二排排架，并用横梁托住第一排插板，横梁下用高木樱与框架樱紧，将横梁架起，再在横木与排架间的空隙处打入第二排插板。插板到位后，它与横木间用固定木樱樱紧。如此循环，即可在插板保护下进行开挖。在拆除支撑时，也应逐步进行，并密切观察围岩的动态。如发现有不稳定的可能，则应进行支撑的顶替作业。例如在上导洞落底时，一般应短柱换长柱；有时上导洞支撑的横梁需要留在衬砌背后。在地质条件恶劣，甚至连立柱也不能顶替取走时，可以用铁皮或木盒将其包裹，使立柱与灌注衬砌时的混凝土隔开，待混凝土硬化后，再抽走立柱；或者用预制的混凝土短柱，钢筋混凝土短梁等来顶替需拆除的支撑，最后将其在灌注时留在衬砌之中。当拱圈由两侧灌至拱顶部位只剩下一个狭条时，如由衬砌连接处向一个方向进行灌注，则称为刹尖封口，亦称活封口；如在衬砌分段灌注的连接处，先留出一正方形缺口，对其表面进行凿毛处理，然后将与缺口处同体积的混凝土（装人活底的木盒内），用千斤顶通过木盒的活底顶入缺口内，待混凝土硬化后再拆除木盒与千斤顶，称为死封口。对于墙与先作成的拱的连接封口，可采用连续灌满封口的方法。当墙用干硬性混凝土灌注时，应注意对封口混凝土捣固密实；或者，当墙用素性混凝土灌注时，应先留出 10 ~ 20cm 的空隙，待边墙灌注 24 小时后，再用干硬性混凝土封墙。对于衬砌后超挖空间的回填，在拱脚以上 1m 范围内宜采用与衬砌相同的混凝土；其余部分可视具体情况采用干砌片石或混凝土。衬砌的拆模时间，需使混凝土有足够的强度。围岩压力愈小，拆模时间可愈早，即要求达到设计强度的百分数愈低。

二、塌方、流沙与瓦斯的处理

1. 塌方的处理

塌方是施工中对安全威胁最大的事故之一。为了防止塌方的危害，施工中应注意加强观察与分析各种征兆。如果有顶部围岩裂缝旁出现岩粉，洞内无故尘土飞扬，不断掉落小石块，围岩裂缝逐渐张大，支撑压坏或变形加大，围岩中突然出水或水压突然增大，水由浊变清（裂隙中的充块物已冲走很多），洞顶滴水位置不定（岩体在变形）等征兆的出现，就应立即做好准备。在有塌方出现时，应迅速营救施工人员，加固未塌地段，防止塌方范围扩大；并注意摸清塌方情况，调查塌方范围和塌方后围岩的状况，分析塌方原因、性质及间歇规律。对于小塌方（塌方体尚未堵实坑道，已基本停止塌落，或下一次塌落的间歇时间较长，尚可进入观察处理的），一般需”先支后清”，将临时支撑架在塌体上，然后边清、边换立柱，各工序紧跟；如塌穴较多，则可用多层排架支护；条件适合时，可喷混凝土支护。对于大塌方（塌体堵塞坑道，规模大，塌方继续补给，无法进入），处理的工作必须穿过塌体，此时，首先需加固塌方端部的支撑及衬砌（插板法），视塌方体、石渣的软硬，可选用木板、钢钎或钢轨作为支护的插板。再在插板的掩护下清，并及时架立牢固的支撑，扩大时再打入横向插板，随扩随撑。穿越的部位应选在拱顶和上部断面，然后向下施工。仅在上导坑塌方时，需加固下导坑支撑，然后再由上导坑清穿越。对于通顶的塌方，应先处理地表塌陷穴口（支紧），以免其继续扩大；陷口的四周应挖排水沟，防止地表水汇集塌坑；四周的裂缝需用粘土类材料填实；陷口的上方需搭设雨棚。在处理塌方时也要“治塌先治水”，加强防水、排水，并采取适当措施，将塌方段的地下水引离。有时，如采取迂回导坑，绕过塌体，则可使处理塌方与正洞施工同时进行，加快施工进度。由于塌方段的围岩极不稳定，它的衬砌结构需相应加强（衬砌外做浆砌片石护拱），并同时对围岩采取加固措施（压水泥浆）。

2. 流砂的处理

流砂现象常在围岩中有砂性土时发生。它是一种由动水压力或动力作用，使砂土、粘土质砂、亚砂土或游泥发生流动，在围岩中出现空穴、坍塌的现象。当出现流沙现象时，首先应制止水夹泥沙涌入坑道，可采用“先护后挖”“密闭支撑，边挖边封”的方法。必要时用双层插板支撑，板间塞人麻袋作为滤水层，以免砂泥被水带走。还可用降低地下水位法、硅化法、冻结法、压气法及水平衡法。施工中用小断面、工序紧跟、封闭支撑，留足够的沉落量，并随时观察、测量沉落情况。根据情况，也可采用有仰拱的封闭式衬砌，不让地下水经隧道排走。

3. 瓦斯的处理

瓦斯是指坑道中的有害气体。它以沼气为主（占 99.9%），其他还有乙烷、硫化氢等。当瓦斯含量在 5%~16% 时，遇火能引起爆炸，故应切实做好通风、瓦斯含量检查和防火防爆工作，遵守安全规程。瓦斯处理应按封闭与排放相结合的原则处理，保证瓦斯含量不超过允许值。由于瓦斯在突出前有一定征兆，如煤质变软，松散易碎，钻眼时感到层理紊乱，表面失去光泽或变亮，煤面冰冷、强烈鼓出或自动剥落，有时放出煤尘；瓦斯压力大时，支撑明显变形，发生声响；瓦斯浓度增大时，施工人员感到头昏，有臭味、酸味或酒味等。对这些前兆应在施工中注意观察。为使瓦斯不渗入洞内，衬砌宜用带仰拱的、有防瓦斯层的封闭式衬砌，并在衬砌背后修筑供瓦斯排放的通道。经验表明，携带小鸟进洞，也是检验有害气体的一种土而有效地方法。

三、监测预报与反馈分析

监测预报对安全施工也是非常重要的。因此，需要在勘察阶段预测的基础上，结合施工中出现的新情况，采取更可靠的探测手段及量测仪表进行综合的分析与预报。探测方法常利用掌子面观察、水平探洞（或钻孔）水平导洞、地质雷达反射波（分析前方松散破碎带）、声波监测（分析岩爆的可能性）超前锚杆、超前钻孔注水（分析前方淤泥含水层）断面的应变收敛量测或钻孔应变计观测（监测膨胀性土层）。在监测资料基础上的信息反馈与数值计算，在某种意义上也是一种预测预报手段。目前，地质雷达法因其所用时间短、机器体重小，预报精度高、费用低、易操作等优点得到了重视。它利用雷达仪上安装的发射天线向掌子面前方发射的电磁波，当其在传播途径中遇到节理、裂隙、断层、软岩、地下水等物性不同的介质时就发生反射波，这种反射破由另一个接收天线（频率 50Hz）接收，经过叠加、滤波、显示处理后，再依据电磁波接收时间、电磁波在介质中的传播速率，即可确定目标体和界面的位置；通过计算机对反射波运行时间、能量分布及波形进行处理和分析，即可对比它与各种不良地质条件下由经验得到的雷达波形图的典型特征，并结合地质资料和掌子面情况，即可对前方目标体的地质结构作出推断。

最后，需要指出，岩土洞室虽以地下工程为特点，但它所引起的环境问题却主要反映在地表。开挖对地面的围岩移动、尤其是浅埋与超浅埋洞室开挖时的地面下沉是必须关注的问题，它取决于众多的因素（开挖方式、断面跨度、导坑形式、机具、支护方式与时机、衬护结构刚度、回填、地面静动荷载、岩土体性质和地下水抽排等），预估计算还是相当困难的。但由于开挖宽度毕竟有限，其影响的程度和范围还是可以控制的。地面减沉的措施常可有围岩预加固（预注浆等），强力支护（管棚、插板、锁脚锚管），提高支护构件刚度，做好壁后充填、分部开挖、及时支护、降水回灌等诸方面的配合。重要的是将环境问题列入日程，使其能与洞室工程各步骤的技术要求相结合，做出有效可行的方案。

第六节　城市岩土洞室工程

一、地下空间、地下工程与城市地下工程

如前所述，地下空间是相对地上空间而言的，是在地球表面以下岩层或土层中天然形成或经人工开发形成的空间。地下空间是人类潜在的和丰富的自然资源。地下空间的开发一般是指在地表以下至 50m 深度内以岩土体为主要介质的实体领域中进行的空间开发利用。建在地下空间的各种工程设施，即在地面以下岩土体中修建各种类型的地下结构物，均称为地下工程。现代地下工程类型多样，如地下交通工程、地下人防工程地下国防工程、地下贮库、地下工业工程、地下商业工程、地下农业工程、地下居住工程、地下旅游工程、地下宗教工程、地下构筑工程等。本节讨论的城市地下工程是设置在城市地面以下土体或岩体中的工程结构物，因其具有一系列的特殊性，故需要对它在前述岩土洞室工程的基础上进行专门的讨论。可以说，城市地下工程将传统关于隧道（洞）的岩土洞室工程研究推向了一个崭新的，更为广阔的领域。

由于城市地下工程是作为人类活动的地下物质空间，它对地下建筑的空气、光和声，对人的生理与心理产生的影响等环境的要求较高，它所建造的工程设施需要反映出各个不同时代社会经济、文化、科学技术发展的面貌与水平。因此，在某种意义上说，城市地下工程需要通过新的工程实践，揭示新的问题，发展与之相应的新理论、新技术、新材料和新工艺。它必须重视技术、经济、建筑艺术和环境的统一性，实现现代化城市关于高效、文明、舒适和安全的重要要求；它必须在工程选址、总体规划工程设计与施工技术、工程建设总投资、工程建成后的社会效益与经济效益以及使用期间的维护费用等方面做出综合全面的考虑。因此，城市地下工程设施是一种地下物质空间艺术，它首先要通过总体布局、有机地与地面建筑设施配合与衔接，本身的造型（各部尺寸比例、凹凸部线条）、通风、照明与色彩面饰，安全出口与人行、活动线路等都要协调和谐，要符合地下建筑功能所要求的环境标准，工程设施的所有结构、构造、

装饰不应造成地下建筑环境的污染，并能保证设施内空气新鲜、畅通、无异味，湿度、温度适宜，隔音防噪声，光线明亮，照度适中，并且在艺术处理上重视流畅，典雅，使人们在心理上能够感到清新与舒适，并力求使工程设施表现出民族风格、地方色彩和时代特征。总之，一个成功的、优美的地下建筑工程设施，能够为城市增添新的景观，创造新的地下活动空间，给人以美的享受，提高人们的生活质量。

二、城市地下空间开发利用的必要性

城市地下空间建筑的出现，一般以 1863 年英国伦敦建成的世界第一条地下铁道为标志，至今已有 160 年的历史。大规模开发利用城市地下空间是近半个世纪才开始的。由于城市的人口经济要素高度聚集，城市在各种天灾人祸面前就显得异常脆弱，城市功能系统的障碍和城市环境的恶化，使得城市地下空间的开发利用显得有特别重要的意义对于城市，它空间容量的扩大是城市发展的一个重要标准。高层建筑的出现，扩大了城市的地面空间容量，而地下空间的开发利用能大大扩大城市的地下空间容量，解决城市地面空间所造成的矛盾（如人口膨胀、住房紧张、能源缺乏、交通拥挤、污染严重、战争与灾害的威胁等）。解决人类面临的生存空间资源，其开发的方向，一是海洋，二是宇宙，三是地下空间，而开发地下空间要比较容易，向地下索取生存空间是城市空间容量开发的重要方向。它在节约城市用地、节约城市能耗和用水、缓解城市发展中的各种矛盾、提高城市化水平和城市地下空间开发的可持续发展方面都有明显的优势。

三、城市地下空间资源开发利用的主要特点

开发利用城市地下空间资源不仅可以为人类的生存开拓广阔的空间，而且可以利用岩土具有的热稳定性和密闭性，使地下建筑周围有一个比较稳定的温度场，非常适于要求恒温、恒湿、超净的生产、生活用建筑，对低温或高温状态下贮存物资的效果更为显著；还可以节约城市用地，保护农田及环境，节约资源，改善城市交通，减轻城市污染具有良好的抗灾和防护性能；可以使处于一定厚度的土层或岩层的覆盖下的地下建筑免遭或减轻包括核武器在内的空袭、炮轰、爆破的破坏，同时也能较有效地抗御地震、凤风等自然灾害，以及火灾、爆炸等人为灾害，在社会、经济、环境等多方面具有良好的综合效益，在克服地面各种障碍改善城市交通、减少城市污染、扩大城市空间容量、节省时间、提高工作效率和提高城市生活质量等方面，都能起到极其重要的作用。但因它往往是在大城市形成之后兴建的，而且要与地面建筑、交通设施等分工、配合和衔接，常要通过各种土岩层或者河湖、建筑物基础和市政地下管道等，

而且它的修建既要不影响地面交通与正常生活，又要不使地面下沉、开裂，绝对保证地面或地下建筑物与设施的安全，这就给地下工程增加了难度，必须有万无一失的施工组织设计和可靠的技术措施来保证，一般施工期较长，工程造价较高。这些问题需要随着科技的进步，逐渐得到改善或克服。

四、城市地下工程的举例

考虑到城市地下工程的特殊性，下面依托广州市的几个地下工程（广州市地铁与轨道交通，珠江新城核心区的市政交通项目，花园城市广场和金沙洲地下垃圾物流系统）的实例，分析一下城市地下空间工程开发利用时需要考虑的一些基本原则和方法问题。

1. 广州市地下铁道交通线

广州市的地下轨道交通线（通常称为地铁）包括地铁一号线、二号线、三号线、四号线、五号线和六号线。它们构成了广州市轨道交通的线网，在国内名列前茅。下面拟结合它们来了解一下地铁作为城市地下工程时的一些特点。

（1）地铁一号线工程。

广州市地铁一号线工程起自珠江以南广州钢铁厂的西朗，终到火车东站，正线全长 18.5km（地下线长度为 16.45km）。沿线共设车站 16 座，其中：西朗、坑口两站为地面车站；花地湾、芳村、黄沙、长寿路、陈家祠、西门口、公园前、农讲所、烈士陵园、东山口、杨箕、体育西路、体育中心、火车东站等 14 座车站为地下车站。全线还设有一座车辆段、一座控制中心及两座主变电所。

由于复杂多样的地质条件和环境因素，广州地铁一号线工程的结构设计，不论是区间隧道，还是地铁车站，都具有结构形式繁多，施工方法多样的特点。车站和区间隧道的施工方法有明挖法、盖挖法、矿山法（为与传统矿山法区别，又可称为松散地层的新奥法或浅埋暗挖法）、沉管法、盾构法等。围护结构形式有：地下连续墙、钻孔灌注桩、人工挖孔桩（含圆形和矩形）、土钉墙、放坡喷锚支护等。区间隧道结构形式有：明挖单层双跨箱形隧道、暗挖马蹄形隧道、盾构圆形隧道。地下车站结构形式有：双层双跨、双层三跨和三层多跨等框架结构及拱形结构。地面建筑则有网架（车辆段的地铁车库）框架结构形式等。

（2）地铁二号线首期工程。

广州市地铁二号线首期工程以万胜围站为起点，终点到三元里，呈南北走向。二号线经由新港东路、新港西路、昌岗东路、江南大道、海珠广场、起义路、连新路、解放北路、人民北路等城市主要道路，连接海珠、越秀、白云三区，穿过最繁华的市区，将新会展中心与市区及老会展区连接起来，是广州市南北交通的主要走廊。全长

20.09km，全部为地下线，共设 17 座车站，1 座车辆段，2 个主变电站，4 个集中冷站。它在公园前与一号线形成“十”字线网，市民可以搭乘地铁，快捷舒适安全地到达城市的东西南北中各区。

同样，地铁二号线的地下车站也因地制宜地采取了多种结构形式和施工方法。车站的明挖结构均为矩形钢筋混凝土框架结构，车站的层数以二层为主，个别车站受线路条件或隧道过江或车站换乘的要求，设计成单层、三层和四层车站。由于受到地面交通的限制，在江南西与越秀公园采用了明暗挖相结合的结构形式，车站两端的设备用房和管理用房部分采用明挖，中间站台部分采用暗挖；二号线的 17 个地下区间，也根据各区间所处的地理位置、环境条件及地质条件，分别有 5 个区间选用明挖法，个区间采用盾构法，6 个区间采用矿山法。矿山法施工的大部分隧道和盾构法施工的全部隧道均为单线单洞隧道，折返线和存车线等线路配线隧道采用矿山法施工。

（3）地铁三号线工程。

广州市地铁三号线呈南北“Y”字形走向，北部分别起自广州火车东站（主线）、天河汽车客运站（支线），在体育西路处汇合，再南行到番禺广场。线路全长 36.3km，全部为地下线路。它设有 18 座车站，1 个车辆段，2 个主变电所和 1 座控制指挥中心。平均站间距 2.12km，最小站间距 0.83km，最大站间距 6.38km。

地铁三号线的主线由广州火车东站起，沿林和西路向南，穿天河体育中心后折向体育西路，在天河南一路与地铁一号线体育西路站换乘，继续沿体育西路、华夏路向南，在其与珠江新城的花城大道相交处设花城大道站，向南穿海心沙过珠江前航道，设赤岗塔站后沿新市头路行进。线路在新港中路与地铁二号线交叉，设客村站与地铁二号线换乘后，继续向南到新滘南路设新滘南站。线路向南穿过海珠区的果园保护区，沿规划道路前进，到达沥滘新客港设沥滘港站，穿越珠江后航道到达番禺区的洛溪新城，设洛溪站。线路在番禺区沿规划的番禺大道向南行进，经过大石、汉溪到达番禺市桥的光明路，沿光明路转向东行，最后到达番禺广场终点站。线路主线全长 28.9km。

地铁三号线的支线有天河汽车客运站以北 425m 处为起点，向南经天河汽车客运站，穿华农、华工校园，到达五山路，沿五山路行进，继续南行，转向中山大道，向西沿中山大道、天河路前进，经体育中心后在体育西路站北端接轨与主线，全长 7.4km。

地铁三号线车站设计的一大特点是换乘车站较多。全线 18 座车站中就有 10 座换乘站，其中天河客运站、华师站、林和西站、市桥站等 4 座车站可与其他轨道交通线预留通道或站台换乘接口；珠江新城站、沥滘站、大石站等 3 座车站可与其他轨道交通线同步实施车站或换乘接口；另外的 3 座车站中，广州东站、体育西路站可与地铁一号线换乘；客村站可与地铁二号线换乘。这些车站除广州东站、林和西站、体育西路站、天河客运站和客村站采用明暗挖法相结合法施工外，其余均为明挖法施工。

（4）地铁四号线工程。

根据交通线网的规划，广州市地铁四号线北起萝岗区，经科学城、奥林匹克体育中心、东圃、琶洲、官洲生物岛、大学城、石碁、东涌、黄阁等地，南至南沙新港，全长约 69.70km，其中地下线 19.69km、地面线 1.85km、高架线 48.16km 其中，大学城专线段（从万胜围经官洲站、大学城北、大学城南到新造站共五座车站 1 座车辆段、1 座主变电站，在全长 14.11km 中，有地下线 11.06km）。由于大学城专线都位于广州的市郊，五座车站均为地下站，采用明挖施工的矩形框架结构形式。由于四号线要四次穿越珠江，故从万胜围至新造的区间均采用盾构法施工，新造站向南至出洞口，则采用矿山法和局部明挖施工。万胜围至奥林匹克体育中心段（线路长约 5.43km），均为地下线，3 座车站，3 段区间均采用盾构法施工。

（5）地铁五号线工程。

广州市地铁五号线为东西走向，首期工程（滘口至文园段）的正线线路全长 32km，其中 29.79km 为地下线路，2km 为高架线路，0.21km 为路基或路堑线路，共设 24 座车站（依次为滘口站、大坦沙南站两个高架站，以及中山八路站、东风西路站、西村站、广州火车站、小北站、花园酒店站、区庄站、动物园南门站、杨箕站、五羊新城站、珠江新城站、猎德站、赛马场站、员村站、科韵路站、黄洲站、东圃站、鱼珠站、茅岗站、港湾路站、大沙地站和文园站等 22 个地下站），10 座车站可与其他线路换乘，即：口站（与佛山南海轨道交通线换乘）、大坦沙南站（与六号线换乘）、西村站（与八号线换乘）、广州火车站（与二号线换乘）、区庄站（与六号线换乘）、杨箕站（与一号线换乘）、珠江新城站（与三号线换乘）、黄洲站（与四号线换乘）、茅岗站（与九号线及城际广深线换乘）、港湾路站（与七号线换乘）。

由于地铁五号线首期工程主要穿越广州市城市区域，故为了尽量减少地铁施工对城市交通和居民生活的影响，五号线区间的施工主要采用盾构法，盾构区间长度约 21.5km。这些区间包括：青年公园—中山八路站—东风西路站—西村站—广州火车站—小北站—花园酒店站区间、区庄—动物园南门站区间、动物园至杨箕区间施工竖井区间、珠江新城站西端始发井区间、猎德站—赛马场站—员村站—科韵路站—东圃站—鱼珠站区间、鱼茅区间盾构井—茅岗站区间、茅岗站—港湾路站—大沙地站—文园站区间。在花园酒店站区庄站区间、动物园南门站—动杨区间施工竖井区间、珠江新城站西端始发井—珠江新城站—猎德站西端存车线区间等，因考虑到地面现状、结合配线、地质和线路条件、工程筹划、盾构机现状等因素，采用矿山法施工。明挖的区间长度约为 2km。

2. 珠江新城核心区的市政交通项目

珠江新城核心区的市政交通项目包括核心区地下空间新中轴线集运系统以及地面中央景观广场。项目的规划用地为75.4公顷，地下总建筑面积约401780m²，地下三层，总投资约40亿元。地面车行交通系统由“四横两纵”（横向为黄埔大道、金穗路、花城大道、临江大道，纵向为华夏路和冼村路）的干道网络组成，区内有广州地铁三号线、五号线和城市新中轴线集运系统穿过，周边主要为39栋高级写字楼、星级饭店社会配套公建，其中有广州标志建筑“双子塔”、四大文化公建（少年宫、博物馆、歌剧院和图书馆）、海心沙岛市民广场等标志性建筑。本项目的建设目标是改善区域交通，加强与外围交通的衔接和联系，增强与地铁的便捷换乘功能，创造多层次立体交通体系。连接、整合区域内各设施和建筑，形成一个统一、有机的地下公共空间体系。创建标志性的CBD中央广场，营造广州市“城市客厅”。为市民活动、购物和游客提供必要的观光休闲、娱乐配套服务设施，形成人性化、有活力的城市中心区。为此，需要对交通、景观、地下空间建筑、直至电气系统、垃圾压缩站规划、供冷系统、给水排水系统、电子监控系统、施工现场临时绿化等问题作出全面综合性的考虑。

（1）交通设计。

交通设计包括车行交通与人行交通。车行交通指“四个循环+三条过境隧道”。四个循环有通过珠江大道东、西的单行逆时针大循环系统和北环、中环、南环的三个小循环系统。这三个小循环系统是由三条过境隧道（在黄埔大道南侧设置地面调头车道和在金穗路与花城大道侧面设置的下沉调头隧道）结合大循环划分核心区所形成。由于金穗路、花城大道、临江大道都采用下沉隧道通过，故可使东西向直行交通与核心区三个环的交通流完全分离。临江大道隧道为上下两层，下层隧道保证东西向交通的畅顺快捷，上层隧道保证核心区交通与珠江新城其他区域的联系，同时通过东侧环形坡道与通往海心沙的过江隧道连接。远期规划中，还拟在华夏路和冼村路设两座跨线桥跨过黄埔大道，以加强珠江新城核心区与黄埔大道以北区域的交通联系。

人行交通系统将地面人行系统与地下人行系统相连接。周边建筑地下一层人流、经垂直交通进入核心区二层人行步道系统、经地下集运系统站厅进入集运系统、经下沉广场庭院及垂直交通系统出地面广场；地铁三号线、五号线珠江新城站人流经过花城大道隧道预留10m人行通道穿过花城大道南北地下人行通道，前往公交旅游大巴站场；地面人流通过地面人行系统、下沉广场，周边建筑地下通道形成地面人行交通系统，并与核心区地下人行通道连接为一体。整个地下人行交通体系与核心区空中步行连廊通过周边建筑大堂和垂直交通体系连接成为核心区人行交通体系。

（2）景观设计。

民景观设计要求“生态、绿色、舒适”。地面景观为40多万平方米的大型地面景观广场。整个地面景观将从黄埔大道到海心沙岛由自然风格向规整城市化过渡，并沿城市中轴线由北向南有节奏地依次形成市民广场、景观公园、双塔广场、文化艺术广场、海心沙岛市民庆典广场。

①市民广场以棕榈岛、水音乐和下沉广场三个景点组成。为达到整个地面景观广场“起”的效果，在北入口处设计两个对称的、嵌有大型水幕帘的水池引导视线，水池边缘环以棕榈岛，达到绿化与水景的交相辉映；穿过带有音乐跌水的下沉广场，便可到达 PTS 的入口。

②景观公园有两条优美的弧形主道，形状如弓，构成了景观公园的主骨架，并在公园两边各展其姿，而南端的弧形道则如古希腊双耳陶罐一样托起双塔。在公园的侧翼区域，大片的绿林绕主道并自成一个美丽宁静的景观空间，突出了双耳陶罐的主体造型形式。园内仅有的完整水域命名为“浮岛湖”，结合灯光的设计，夜晚的浮岛湖从观光塔望来，有如一颗蓝宝石，璀璨于广州的“城市客厅”，更加突显了广州整体的和谐与内涵。

③双塔广场由人工瀑布广场、藤蔓回廊、喷泉广场、音乐喷泉积水峡谷等景点组成，以水池及丰富的水景环绕突显了的椭圆形双塔广场。作为所有交通流的中心连接点和城市亮点，双塔广场将不同的水平高度融合为一体，给人们提供一个聚会、流连观赏和洽谈平台。

④文化艺术广场位于四大文化建筑之间，通过绿树、草坪、铺装、灯光及各种文化设施小品营造出与“文化论坛”相契合的文化氛围。在南北两面，各以修剪呈几何形状的草坪“厅引导视线进入文化论坛主中心，草坪“厅”北部配以环形水池，其间设梯阶与负二层相连，梯阶侧面则以一帘水幕泻入水池深处，达到景观的活泼与灵动。

（3）地下空间建筑设计。

地下空间建筑设计要求“以人为本、空间明亮、充满生机、功能多样”。地下空间共有三层。地下负三层是集运系统站台和隧道；地下负二层是公共停车场、设备功能空间、集运系统站厅和设备空间；地下负一层由核心区和东西侧翼区组成。核心区的南北两端是公交车和旅游车停车场，两个停车场之间是地下商业城。建成后拟提供约 3000 个小汽车停车位，约 50 个公交及大巴停车位，约 7 万平方米的商业面积，约 20 万平方米的地下人行、车行通道。它们在设计手法上灵活运用下沉广场、下沉庭院、灯光广场及步行大台阶，给人以丰富而有序的空间感受，使人在行走中自然而然地由地面室外空间进入地下室内空间，改善了地下空间给人压抑、幽闭的缺陷。通过各种形式下沉广场的合理布置，将地下空间各层平面紧密相连，并且与周围的城市空间紧密结合，把自然景观引人地下，同时使地下空间得到必要的自然通风和采光。

（4）其他。

如上所述，交通设计以轨道交通为骨架，公共交通为主体，结合隧道等其他交通形式。其中轨道交通采用地铁三号线五号线轨道交通及地下集运系统与核心区地下空间的结合设计，大大方便了整个核心区进出人流的疏导。隧道设计采用钢筋混凝土结构，防水混凝土强度等级 C30，抗渗等级为 S8，隧道结构为箱形闭合框架节段和 U 形开口框架节段，每节段 40 ~ 50m，相邻节段隧道结构间设 2cm 宽变形缝，变形缝设止水带并用防水材料填充。公交与旅游大巴系统将实现与轨道交通与其他交通之间相互换乘的目标，使公共交通在这一区域发挥重要的交通作用。车行系统保证了公共地下车库与周边建筑物的地下车库相连接，达到资源共享的目的；景观设计灵活运用下沉广场、下沉庭院、灯光广场及行人步行台阶楼梯不同地空间感受，将各平面彼此紧密连接，并且与周围地城市空间紧密结合，把自然景观引人地下，同时使地下空间得到必要地自然通风和采光；地下空间建筑设计包括：负一层珠江新城核心区市政交通项目结合区内交通设计在此的设置；负二层合理数量的地下车库，负三层的地下集运系统及其站台组成；自然采光通风系统；消防及人防规划设计等。

此外，城市地下空间工程的设计还要注意电气系统城市变电所的概念设计（包括供配电系统、电器照明、接地与安全（火灾自动报警系统、安全防范系统、信息通信网络、楼宇设计管理系统、信息通信网络、楼宇设备管理系统、电气节能措施等）；注意垃圾压缩站规划设计（包括珠江新城核心区垃圾站采用真空管收集方式，收集范围为 39 栋建筑及大型广场商业配套等地下空间，每天约收集 200 ~ 300t 垃圾）；注意区域供冷系统规划（核心区区域供冷拟采用冰蓄冷系统，涵盖地下集运系统、核心区地下配套建筑、东西塔建筑及这一区域的周边建筑）；注意给水排水系统设计方案根据广州市珠江新城的城市规划，并结合区内及周边现有的市政条件力求做到设计方案先进、经济、实用、环保、节能。为了推行节水区，各个用水点及卫生间采用节水型用水设备给水排水系统及设施包括生活给水系统、中水系统、生活污水排放系统、雨水排放系统、水景循环系统、直饮水系统等）；注意电子监控系统（为保证珠江新城地面广场的安全、拟在广场周边的主要出入口、人流交聚处安装多台室外一体化快球摄像机，系统可以通过以太网将监控录像进一步上传到公安部门，作为城市监控系统的一个组成部分），以及施工现场临时绿化设计（由于地下空间项目规模庞大、施工工期相应较长，并且项目周边部分商住、金融与商务建筑已建成使用，因此，为了减低项目施工时对周边建筑功能使用及办公、生活人员的干扰，同时为了创建文明样板工地，创造良好的、标识清晰地工区及周边环境形象，项目建设管理单位根据市委、市政府领导指示，将对工区及周边环境、绿化进行整治设计）。

3. 花园城市广场

花园城市广场的开发建设是为了营造环市东核心区的现代城市景观，起到美化城市形象，改善地面环境和交通状况，增加居民休闲空间，实现整体商务环境，并对广场中心地区进行立体规划建设。为此，必须发掘并利用地下空间，既使人流与车流分离，又使地下、地面建筑功能互补，不仅缓解城市中心地区用地紧张的矛盾，而且使其成为越秀区新的商业基地、新的投资热土，成为广州经济可持续发展的新增长点。这里，需要考虑一系列的问题。

（1）设计原则。

风山花园城市广场设的计坚持了高标准规划建设原则（应建设成与广州现代化中心城市发展水平和地位相适应、促进该地区城市建设与社会经济协调发展、发挥广州市对珠三角乃至华南地区带动功能的全新的商务区），以人为本的原则（重点在改善大环市东地区的交通，尤其注重人性化交通体系与城市立体空间开发建设协调，延续战略规划明确的城市生态空间布局，通过营造良好空间景观、生态环境，促进城市建设的可持续发展），多学科融合研究原则（融合了多领域、多学科的理论方法及先进技术，采用多学科交叉的研究方法，使城市规划与城市工程规划理论、城市设计与城市设计理论有机结合），经济效益最优原则（通过优化利用城市基础市政设施和保护利用现状地形地貌特色，达到城市基础建设投资最小化与综合效益最大化的目），可持续发展的原则（充分体现近期规划实施与远期规划发展协调原则，在预留规划弹性的同时，保证规划控制可操作性）以及交通先行的原则（由于地段处在旧城区，各种交通方式混杂，再加上地铁五号线淘金站的建设，以及原本就极其不足的停车设施，本次设计的重点是在优先解决交通问题的基础上，改造环境重塑城市形象）。

（2）总体设计。

花园酒店地区周围高层建筑林立，花园酒店、白云宾馆、好世界广场、世界贸易中心和在建的合银大厦都曾经是广州的代表性建筑，这些建筑围合成了一个约 5 公顷的开放空间。该地区地面交通密集，东西向有三十多条公交线路通过，主要干道通行能力严重超饱和；现有的公共汽车站点严重不足，停车场分布不均匀，主要集中在环市东路以南；南北向交通不能互通，二次交通增多；环境质量较差等一系列缺陷存在。通过一系列专题的研究表明，本区域最大的问题在于交通改善，故设计应先从交通规划着手，确立了两个出发点：交通的改善必须在大环市东地区的范围内研究；广场的建设必须以人为本，创造更舒适的步行空间。城市广场的修建将营造该地区现代城市的景观，起到了美化城市形象、改善地面环境、增加居民休闲空间、使这个地区更有活力和特点。而对城市广场进行立体的规划建设，对地下空间进行统一的开发利用，促进入车分离和功能互补，是充分利用城市中心地区日益紧张的用地的一个重要途径。

根据如上的总体设计概念，通过对下穿车道方案、下沉广场方案空中廊道方案、空中广场方案等四个方向的十几个方案比较，最后选择了如下的现用方案，它的规划结构以公共绿化广场为中心，四周被商业建筑群围绕，环市路从广场下沉横穿而过；

广场以“目”字型环形交通解决车辆出人问题及南北交通问题。其主要特点是：

①花园广场采用地面形式，形成周围商业商务写字楼的共享公共空间；结合广场做公交车站、地铁站的地面出入口。

②环市东路采用六条车道下穿地下八车道，其中有四条直行车道和两条公交专用道以及两条公交停靠道。

③地面形成目字形的环状交通，通过外环疏解周边交通和内部道路解决周边业主单位的可达问题。

④公交车站设于地下一层，地铁站厅设于地下二层，地铁设备设于地下三层，地铁站台设于地下四层的交通无缝衔接。

⑤通过统一的地下商业开发、共同的地下停车设施和公用公共设备等一体化的地下空间利用方案。

⑥在环市东路建设市政综合管廊，进一步完善市政管网的布置，同时利用环状道路解决周边业主单位的管线接入问题。

（3）道路交通规划

道路交通规划包括直行交通、环状交通、内部交通、公共交通、地下交通和步行交通。

1）直行交通。

环市东路存在着大量的穿越交通，本着人车分离的原则，规划考虑利用地铁车站建设的机会，将环市东路四条直行车道和两条公交车专用道下沉至 9.5m，形成穿越式交通与广场交通的立体分流，避免过境交通对广场的干扰，也增加了步行空间的面积。

2）环状交通。

目前周边地区的交通尤其是南北向的交通，存在着重大压力，由于世贸地下车道的净空限制，淘金路目前只能由南往北通行，淘金小区只能从恒福路出去。而且因为环市东路的南北分割，带来的二次交通大量增加，南北两个区域的资源无法相互调配，直行车道的下穿也迫使原有的世贸地下车道被截断，又带来了南北向交通的新问题。规划提出构建广场核心区外围的环状交通，通过断面宽度不小于 15m 三条机动车道的环状道路，疏解外部交通问题。为此，采取了如下措施：即调整原白云北路多变的断面宽度统一为 15m，并且从白云宾馆西侧连通到环市东路，可以与建设六马路相连，解决了淘金小区进出环市东路和建设六马路的问题；利用花园酒店东侧华乐路边的护坡建设 8m 宽的坡道，使华乐路的车流上伸至现在环市东路层面的 16.6m，从下穿车道上空跨越直行车道，在世贸东面连接淘金路，解决了世贸地下车道被截断而带来的南北向交通问题，并且成为淘金小区进出的第二条通道；在广场的东西两端，下穿车道的上部增设立了各一条调头车道，以减少环市东路的二次交通；还规划在华乐路的东侧保留了一条单向车道，从合银大厦东侧进入环市东路，可以解决地下车库和华乐路沿线建筑的出入口问题，至于华乐新路原规划道路红线为 18m，建议调整为 10m，可以大幅减少拆迁量。

3）内部交通。

广场周边的主要单位有花园酒店、白云宾馆、世贸中心、友谊商店、合银广场和好世界广场等大型建筑，都具有巨大的交通流量，如何在建设步行广场和下穿车道的同时，尽可能地改善周边单位的交通可达性，是交通组织的另一重要课题。规划利用现有友谊商店与世贸中心之间的 10m 道路，改造为三条车道的广场单向内部道路，其中一条为通过车道两条为服务车道，并向西延伸接通白云宾馆的主入口，然后在白云宾馆的西侧接上外围环路，可以连通环市东路和建设六马路，形成北部白云宾馆和友谊商店片区的环状交通同时还可以在白云宾馆西侧增加宾馆次入口和地下车库出入口。规划利用现有的花园酒店西入口，建设一条 10m 宽三条车道的单向内部道路，解决花园酒店的到达问题后，往东直行从合银广场门前汇入外围环路，可以进入环市东路和淘金路，或通过华乐路坡道下行到花园酒店的东门，形成围绕花园酒店的环状交通，增加了花园酒店的人口可达性。

4）公共交通。

由于现有环市东路的公交车线路有 31 路之多，大都与地铁五号线同为东西方向，且公交车站过于集中在花园酒店站和白云宾馆站，同时南北向的公交线路过少也变相加重了环市东路的公交问题，预计地铁五号线建成之后现有公交线路将会大幅缩减，剩余的线路主要与地铁接驳为主，估计将保留在 18 ~ 20 路左右。规划通过以地下公交车站为主周边公交车站为辅的策略，疏解公共交通过于集中的问题；将在地下一层设立主要的公交车站，预计将有 10 条线路左右，解决公交线路与地铁的接驳问题；同时利用外围环状路网设立南北线路的公交停靠站，利用环市东路的国际贸易中心、银政大厦、电子大厦、邮电新村等处设立公交车站，解决其余公交线路的停靠问题。

5）地下交通。

由于规划准备建设的地下停车场位于直行车道和公交车站的下面，且将周边单位的现有地下室联系起来，在地下二层形成一个一体化的地下停车场，将拥有超过 1000 个停车位。规划在地下二层围绕着地铁站厅外围建设了一条 7 米宽的环形车道，通过这条车道将地下室的车流组织起来，通过一体化的管理统一使用停车库。地下停车库的出入口主要设在外围环状道路上，分别位于东北、西北、西南、东南四个方位，除友谊商店广场的地下坡道保留作为入口外，其余现状地下车库的出入口都可以取消，以便在广场上形成更大的步行空间。

6）步行交通中高行。

地面广场为步行广场实行以人为本，一般情况禁止机动车开人，在步行广场内建设三大地下出入口联系地下空间，其中主入口位于花园酒店和白云宾馆轴线中，成为广场的标志，其余两大出入口分别位于世贸中心门前和靠建设六马路一侧。广场人流进出周边单位可以跨越内部环状道路，在该道路上我们计划通过设立红绿灯、交通减速带、曲线型路网、铺设广场砖、限速通行和人车混行等多项措施，将车速控制在10千米/小时内，以减少外围交通的穿越和保障人行安全。南北两个区域的人流转换，包括公交车站的南北换乘，都可以通过自动扶梯至地面广场完成，也可以通过地铁站厅层的通道解决，公交车站和地铁人流的疏散还可以通过地下一层的商业空间，进入周边各家单位的公共空间，使人们足不出户就可以完成以前需要跨越道路、天桥、停车场等的不便交通。

（4）绿地系统规划。

根据社会发展的主要趋势，绿色生态的居住环境、生活环境是现代城市发展的方向，绿化景观已经成为城市环境的重要组成，规划采用点线面线结合，利用现有绿化条件构建生态绿色系统。规划利用现状白云宾馆前的小山作为整个广场的绿色生态中心，从小山向周围辐射以带状为主的绿化，局部布置块状绿化及水景小品，沿广场边缘种植低矮灌木类，与周围道路形成绿色隔离带；绕广场的环形道路均设置路边绿化，形成绿色生态网格；环市东路在本项目路段有较多树木在地铁施工时要迁移，规划在下穿道路建成修建地面广场时做树阵，集中合理的进行再植和维护；规划设计地下二层绿色生态商业空间，以局部设置生态中庭为手段，将绿色植物、阳光、空气和水直接引人地下空间。

（5）公共设施规划。

花园广场定位为集商业活动、公共活动、人流集散为一体的多功能城市广场。由于地处环市东路商业商务中心，所以地面广场应以公共服务设施布置为主；同时是淘金站地铁出入口，所以在广场地下一层设置公交车站，服务广大乘客；将以服务为主的通信、环卫、休憩、饮水、灌溉等公共设施主要设置在道路边的人行道，以及地面绿化广场；规划采取政府和企业合作，共同完善广场及周边的公共设施的策略，除了集中建设公共服务设施外，鼓励周边商业企业，以塑造企业文化和为企业员工服务为目的，营造自己的企业公共设施，共享这些设施。

（6）竖向规划。

根据花园城市广场周边各商家建筑的地下室功能不尽相同，竖向标高亦不同的现状，竖向设计是连通各个单位地下空间的关键。采用的具体措施是以地铁的设计标高为标准，尽量选用标高中间值以得到最小差值，并用坡道和踏步连接不同标高的地坪，达到空间的连接，营造统一的地下空间。规划以地面层做花园城市广场，环市东路在该路段以3.75%的坡度下沉，横向穿过广场，东西交通不受影响，并且使地面南北交通毫无阻隔，更加方便人行穿越；地下一层在下沉车道两旁做公交车站、地铁出入口以及商业空间；商业空间被分为南北两部分，南北交通通过地面广场及地下二层站厅层解决；地下二层为地铁站厅以及大型地下车库。同时，华乐路在花园酒店东门段开始采取两车道高架，升至与现状环市东路同标高16.6m，与迁移的淘金路连接，形成南北通路；为解决仔渔岗涌的问题，规划改迁仔渔岗涌，从底面穿越隧道东侧入口的机动车道下行段，再接华乐路现状涌段，穿越隧道入口机动车下行段时，设计最大顶板上底面的标高为11.1m，从下沉隧道下面通过。

（7）地下空间设计。

①地下空间的开发应体现现代化大城市的特点，结合地面和周围建筑的情况，应该成为重要商业、休闲、交通场所，联系各高层建筑的枢纽，缓解地面的交通和人流的压力的通道，对既有的地下停车场通过综合改造，发挥地下停车场的综合效益，同时为补充和完善该地区城市功能做出贡献。通过对小范围开挖地下室的方案、保留小山下面不开发的方案、的士站设在地下一层的方案、下穿车道直达区庄立交的方案、利用地铁折返线建设商业街的方案、开发建设六马路地下商业街的方案等多方案的比选和综合效益评估，尤其是考虑了地下施工期间可能带来的影响，认为结合地铁五号线淘金站建设四层立体的地下空间是最具可行性的方案。本方案可充分利用周边地区成熟的商业环境，结合地铁五号线站点和地下公交站的建设，形成地下一层空间的联合开发，建设广州最好的地下商业城；同时通过原有建筑地下停车场的置换，在地下二层建设统一的停车场，通过组织地下环状交通，使周边建筑连成一体；并且利用地下商业空间的建设使该地区集地铁、公交、人流、商业、停车、娱乐、休闲于一体。在地下一层的空间中，规划了下穿式快速直行车道、港湾式公交车站和市政综合管廊，并利用商业空间的开发，将公交车站与周边各个业主单位的现有地下室进行连接，起到人流疏散的同时，又可以达到资源和利益共享的效果；对于周边各个业主单位现主要用于地下停车场的地下室，通过置换的方式，统一调整到地下二层去，有利于统一组织地下二层的交通空间，也让地下一层的空间发挥其最大的经济效益；在地下二层的空间中，规划了地铁淘金站的站厅、统一的停车空间和共同的设备空间，且地铁的站厅空间位于公交车站的下面，既可以和公交形成无缝对接，又可以作为南北向人流的联系通道；地下停车场可以通过一条7m净宽的环形通道，形成一体化管理的大型停车场，通过共同组建的物业管理公司和统一的出入口管理，达到市民使用上的方便，减少地下停车场的出入口，各个业主单位的设备资源，将可通过共同的管道系统来共享。同时，设置中央控制室，对地下通风与排烟系统、环境监测系统、给水排水及消

防系统、火灾自动报警系统、广播照明系统、交通信号控制系统、闭路电视监控系统进行统一管理。机动车隧道的通风排烟系统采用射流风机纵向通风方式，在公交站台与地下商业区之间设立风幕。

②地下空间的设计分为四层：地下一层主要为下沉道路及地下商业空间，地下二层主要为地铁站厅及地下停车库，地下三层为地铁设备层及部分现有建筑的地下室，地下四层主要为地铁站台。

8）地下交通流线组织。

由于此工程完成后，使该地区将成为一个商业集中区，势必造成大量的人流车流，而地铁站、公交站的设立、地下多层空间的立体交通，使人车流线更为复杂，所以在规划设计中，必须通过地面、地下、水平方向、垂直方向等多种方式进行车流和人流的动线设计。

①车流的动线设计保留现有各商家的地下车库出入口（分别在花园酒店南、友谊商店南、白云宾馆西、世贸大厦东及华乐新路与环市东路接口处附近），满足各个方向来车的人停，地下二层地下车库内部双向 9m 车道完全环状贯通。下穿道满足东西向车流的畅通。

②人流的动线设计的水平交通可以地面广场和地下二层站厅穿越南北两片商业区；地面的大型绿化广场是商业人流的主要集散地和南北两片区的地上互通介质，分散设置了公交站上地面出口和商场疏散出口；人流的动线设计的竖直交通是通过手扶电梯、楼梯连接地面到地下三层的不同功能空间，使换乘、商业等多股人流形成三维立体分散。

③停车库设计按照《广州市城市规划管理细则》和《广州市分区规划和控制性详细规划编制办法》规定的车辆停泊面积指标，对汽车停车面积按照商业设施总面积的 20% 设计。据不完全统计，本地区主要高档商业建筑面积有 84120m^2 高级酒店面积有 136156m^2，高档写字楼有 263083m^2。如果汽车的每车位按建筑面积 35m 计算；自行车（含摩托车）停车位按每 100m2 建筑面积需 7.5 个车位，每车位按 1.5m^2 计算，则总共需要汽车停车位 2762 个，自行车和摩托车停车位 36252 个。考虑到机动车的停车增长是一个动态的数字，近期先考虑汽车停车位 1400 个，远期可将地下停车库改造成为机械停车库，再增加 1000 个停车位。

（9）市政工程设计

市政工程设计需要根据《城市电力规划规范》（GB50293—1999）《城市给水规划规范》（GB50282—1998）、《城市燃气设计规范》（GB50028—1993）、《城市排水工程规划规范》（GB50318—2000）、《市外排水设计规范》（GBJ14—1987）、《城市工程管线综合规划规范》（GB50289—1998）、《污水综合排放标准》（GB8978—1996）、《防洪标准》(GB50202—1994)、《城市防洪工程设计规范》(CJJ50—1992)、《地面水环境质量标准》(GB3838—1988)及《污水排人城市下水道水质标准》(CJ18—1986)等的有关规定，考虑对隧道、广场排水及环市东路管线的迁改，提出市政管线迁改方案。因此，建议：

①对重力流排水管线，将结合隧道广场的排水建设，对本地区的排水系统进行改造。将环市东路上现有两条排水管线改造为南、北侧管廊内的D800排水管，衔接隧道东西端的排水管道；为了不影响隧道及地下室的建设，将仔渔岗涌绕世贸大厦西边横穿环市东路部分拆除，改线为沿广场规划18m外环路横穿环市东路，从底面穿越隧道东侧入口的机动车道下行段，再接至华乐路现状的仔渔岗涌。经过计算，子渔岗涌穿越隧道东侧入口的机动车道下行段时，涌顶板的上底面标高应控制在11.1m以下，本次规划予渔岗涌改线段的坡度选取0.2%。上述的改线方案对现状仔渔岗涌的改造较大，且涌的纵断面和平面布置必须充分考虑周边的建筑物（如合银大厦）的地下室、隧道东侧入口的机动车道下行段，避免发生平面合和立面的冲突；原接入子渔岗涌的排水管，必须重新考虑接驳。

②对于非重力流管线，因现状环市东路上各管线相互交错，待广场建成后只有1m的覆土，基本上没有空间允许管线间的交叉穿越，故各种管线的布置次序，不但要满足管线间的设计规范，还要尽量减少各种管线间交叉次数；又因隧道南面华乐大厦北边有现状110kV区庄变电站，考虑到其进出线的需求，管沟中应预留110kV电力电缆位置；在隧道负一层的顶面，两边公交车道的南、北侧，布置管廊（具体位置见图），使给水管、排水管道、燃气管及电力、电信电缆通过，既便于各部门的多条电信电缆的协同布置，又便于管廊内电缆支架的设置。

③对于周边支路管线的改造，淘金路、华乐路、建设六马路等支路中、原接入环市东路排水管道的重力流管线可直接接入规划管廊中的排水管；原需接入环市东路电力、电信、给水、燃气管道的非重力流管线，亦可直接与规划管廊中的相应管线接驳。因隧道上有1m左右覆土，支路中需要穿越环市东路的管线可从隧道顶面的覆土层横穿环市东路，部分地段管线覆土不能满足要求的，可采用加套管保护等措施解决，或采用从地下二层穿越下穿车道后，直接接入各主要建筑地下设备房的方案。

考虑到管线迁改涉及范围较大，必须先行，在综合管廊未建设之前，必须采取临时迁改措施，保证市政主干管的连续运行，对可能在广场施工中受到桩位影响的管线进行局部处理，避免受打桩破坏；隧道顶面结构层完工后就可以建设管廊，布置供水、排水、煤气、电力、电信管线，上述管线两端与原管线驳接，同时对淘金路、华乐路和建设六马路进行管线改造，并与环市东路上干管连接，恢复运行。至于予渔岗涌的改道，在二期下穿坡道建设之前进行，保证上游大面积排水顺畅，然后可以进行隧道的施工。隧道里面道路路面施工前，应进行新排水管的埋设，在隧道施工过程中，本地区局部排水被中断（新的排水管未建，旧排水管遭到破坏），可采用小水泵抽升至附近排水管。

（10）环境保护规划。

环境保护规划以生态环境的保护及改善为目的，进行广场工程设计。保留小山，继续传统的自然山水景观；山体的地下部分在地下空间开发的同时将大部分保持现状，供小山生态群落的继续发展；在保证一定供市民休息、活动及交通集散的活动场地外，大量设置绿地绿化，提高该区域整体景观环境及生态质量；修下沉车道时所迁移的树木用于建设地面广场绿化，以满足保护生态、可持续发展的要求；结合现状水景资源基础，营造一定的水体，满足人群的亲水心理，达到吸引人气的目的，提高广场自身价值。

（11）开发时序规划。

开发时序规划的宗旨是“统一规划、分步推进、分期实施”。就是在整个花园城市广场就是在整个花园城市广场建设过程中，采取交通优先的原则，使先见成效的工作先做，不强求一步到位；就是根据招商引资工作的进展制定一个合理可行的建设时序方案，指导分期实施，在目标期限内逐步形成建设要求的基本格局。整个广场的建设可以与地铁二号线淘金站修建同步开始进行，共分三期：一期的主要工作是完成部分下沉车道的建设，与地铁建设的同步进行是为了减少施工反复造成对交通环境的二次影响，为将来整个下沉路段的建设打好基础；二期的工作是完成整个下沉车道的建设，公交站台、建筑拆迁、外环道路建设、各类市政管线迁改及管廊铺设等工程同时上马；三期工程是地面广场及相关公共设施的建设，以及地下商业空间的开发建设。

4. 金沙洲地下垃圾物流系统

城市生活垃圾包括城市人口在日常生活中产生或为城市日常生活提供服务而产生的固体废物，以及建筑垃圾等其他固体废物。广州城市生活垃圾的处理设施建设、收集、运输与处理是由环卫部门及其所属垃圾收集处理单位实施的、基本仍采用混合收集运输与处理方式。生活垃圾在袋装后，通常由居民放置指定地点或容器内，环卫工人将垃圾用人力车送至垃圾收集站，然后由垃圾收集车运往垃圾压缩站或直接送往垃圾处置场。垃圾压缩站内通常配有压缩机将收集来的垃圾压缩、封闭装人集装箱，用专用运输车将满载的集装箱运往中转地或处置地。收集站备有相应的环保措施，但仍存在收集站的嘈杂、臭气对居民干扰很大，卫生难以管理，环卫工人的高强度工作问题，以及垃圾收集点、压缩站选址困难的问题。因此，寻求一种更为先进、环保的垃圾收集系统来替代现行的人工上门收集、小区内人工、机械、半机械混合运输的系统，对提高城市生活垃圾收运管理水平，解决传统的生活垃圾收运系统所存在的种种日益突出的矛盾，改善城市居住环境质量和提升城市整体形象，具有非常积极而又现实的意义。

（1）地下垃圾管道垃圾物流系统。

地下垃圾管道物流系统是通过预先铺设的地下管道，使用空气来运送垃圾，可以为城市垃圾的收集管理提供一个完善的解决方案。目前，非开挖地下管线施工技术的发展，因其具有不会对城市道路及相邻的设施和建筑物造成损害、施工噪声小、无振动，基本不造成空气污染，无需中断地面交通，对公众影响小，基本不对城市生态环境造成影响等优点，给利用地下管道收集运输城市生活垃圾系统，发展城市地下管道物流提供了一个新的思途径。它把传统只能输送液、气体的地下管道向配送某些固体物质（包括生产与生活用品的运输供应和收集、运输城市生活垃圾等）延伸，把固体物质只能依靠地上车辆配送为主的物流形式转向地下管道中，是一个具有划时代意义的研究、发展与应用方向。

（2）金沙洲地下垃圾管道物流系统。

金沙洲居住新城是广州地下综合开发利用的示范小区。它位于广州市中心城区的西北部，新城规划总用地面积 9.08 平方千米，规划居住人口 11 万。以金沙洲为圆心，半径 5km 左右的圈内有广州市老城区和佛山市南海区，半径 30km 左右的圈内包含广州番禺区、佛山市禅城、石湾、三水等区，是一个区位条件优越，位于广佛都市圈中心的居住新城。为了使金沙洲居住新城实现"提高居住空间环境质量、创造宜人、高水准的人居环境"的规划目标，成为高品质的滨水社区，因此，需对该区的环保、环卫设施和管理模式将进行全新探索，如在垃圾的接收、转运和处理上打破传统模式，最大限度地减少垃圾中转的次数及对环境的污染。因此，广州市政府决定在金沙洲居住新城建设地下垃圾管道物流系统，其总投资额约 1.5 亿元。建设总收集规模为 139t/d。它包括 4 个真空管道收集子系统，各子系统的垃圾收集规模分别为：1 号收集系统（36td）、2 号收集系统（10td）、3 号收集系统（49t/d）、4 号收集系统（44t/d）。在金沙洲居住区内建设这样庞大的地下垃圾物流系统，在国内尚属首次。

（3）真空管道垃圾收集系统的技术特点。

真空管到垃圾收集系统主要包括物业网络部分（室内垃圾收集管道、排放阀、垃圾收集管等）和公共网络部分（中央垃圾收集站、地下垃圾收集管道网络、地下控制网络等）。

真空管道只需要普通钢管，钢管的直径在 350~500mm 之间。管道的寿命取决于管壁的厚度，一般来讲，管壁的厚度在 6 ~ 12mm 之间，寿命为 30 年到 60 年不等。管道除可铺设于地下，还可悬挂在地下室顶板。地下管道的铺设深度在 1~1.5m 之间，每个系统的最长管道铺设可达 1980m。对于超大面积的建筑群体如新城区，可通过增设中转站的方法使系统延伸。

管道系统内，垃圾输送平均速度约为 18 ～ 24m/s，产生的最大负压达到 40kPa。在如此高速的情况下，管壁上几乎不会粘着垃圾，加上垃圾自身的混合和推动，管壁在每次的运送过程中都会自动得到清洁，基本上可以避免湿度较高的垃圾对于管道的腐蚀。除此之外，还可以使用滚球的方式对管道进行定期的保养和维护。管道系统对垃圾的包装没有严格要求，适用于任何袋装或散装的生活垃圾，只要每包垃圾不大于 24kg 或长度不大于 50mm 即可。

综上可见，地下垃圾管道物流系统是一项综合性、跨学科的复杂系统工程，涉及土木工程、机械工程、控制工程、计算机科学和技术经济等多个领域，需要综合统筹城市规划、交通规划、环卫管理，是城市地下空间综合。

第八章　特殊性岩土的岩土工程勘察与评价

随着我国经济改革的进一步深入，勘察市场竞争越来越激烈，不少勘察单位由于种种原因不愿意购置先进设备，低价中标使许多勘察单位不愿意采用先进手段和先进设备，造成目前许有些勘察单位的勘察技术进步有停滞不前的趋势，许多与工程密切相关的课题得不到解决，土样取样的真实性及原位测试的广泛应用是促使勘察工作进步的基础，离开第一手资料的真实性和准确性，之后所做的勘察工作都是毫无意义的。

土工程勘察是工程建设当中至关重要的一个过程，其勘察成果的质量直接影响着整个建筑物的工程安全和工程造价。因此，如何做好岩土工程勘察工作是人们关注的主要问题，本章就岩土工程勘察技术进行了探讨。

第一节　黄土和湿陷性土

一、湿陷性黄土

湿陷性黄土是一种非饱和的欠压密土，具有大孔和垂直节理，在天然湿度下，其压缩性，较低，强度较高，但遇水浸湿时，土的强度显著降低，在附加压力或在附加压力与土的自重压力下引起的湿陷变形，是一种下沉量大、下沉速度快的失稳性变形，对建筑物危害性大。

我国湿陷性黄土主要分布在山西、陕西、甘肃的大部分地区，河南西部和宁夏、青海、河北的部分地区，此外，新疆维吾尔自治区、内蒙古自治区和山东、辽宁、黑龙江等省，局部地区亦分布有湿陷性黄土。

在湿陷性黄土场地进行岩土工程勘察，应结合建筑物功能、荷载与结构等特点和设计要求，对场地与地基做出评价，并就防止、降低或消除地基的湿陷性提出可行的措施建议。应查明下列内容：

（1）黄土地层的时代、成因。

（2）湿陷性黄土层的厚度。

（3）湿陷系数、自重湿陷系数和湿陷起始压力随深度的变化。

（4）场地湿陷类型和地基湿陷等级的平面分布。

（5）变形参数和承载力。

（6）地下水等环境水的变化趋势。

（7）其他工程地质条件。

二、湿陷性土

湿陷性土在我国分布广泛，除常见的湿陷性黄土外，在我国干旱和半干旱地区，特别是在山前洪、坡积扇（裙）中常遇到湿陷性碎石土、湿陷性砂土和其他湿陷性土等。这种土在一定压力下浸水也常呈现强烈的湿陷性。由于这类湿陷性土的特殊性质不同于湿陷性黄土，在评价方面尚不能完全沿用我国现行国家标准的有关规定。

湿陷性土场地勘察，除应遵守一般建筑场地的有关规定外，尚应符合下列要求：

（1）有湿陷性土分布的勘察场地，由于地貌、地质条件比较特殊，土层产状多较复杂，所以勘探点间距不宜过大，应按一般建筑场地取小值。对湿陷性土分布极不均匀场地应加密勘探点。

（2）控制性勘探孔深度应穿透湿陷性土层。

（3）应查明湿陷性土的年代、成因、分布和其中的夹层、包含物、胶结物的成分和性质。

（4）湿陷性碎石土和砂土，宜采用动力触探试验和标准贯入试验确定力学特性。

（5）不扰动土试样应在探井中采取。

（6）不扰动土试样除测定一般物理力学性质外，尚应作土的湿陷性和湿化试验。

（7）对不能取得不扰动土试样的湿陷性土，应在探井中采用大体积法测定密度和含水量。

（8）对于厚度超过 2 m 的湿陷性土，应在不同深度处分别进行浸水载荷试验，并应不受相邻试验的浸水影响。

第二节　红黏土

一、红黏土地基勘察的基本要求

（一）工程地质测绘的重点内容

红黏土地区的工程地质测绘和调查，是在一般性的工程地质测绘基础上进行的，其内容与要求可根据工程和现场的实际情况确定。下列五个方面的内容宜着重查明，工作中可以灵活掌握，有所侧重或有所简略。

（1）不同地貌单元红黏土的分布、厚度、物质组成、土性等特征及其差异。

（2）下伏基岩岩性、岩溶发育特征及其与红黏土土性、厚度变化的关系。

（3）地裂分布、发育特征及其成因，土体结构特征，土体中裂隙的密度、深度、延展方向及其发育规律。

（4）地表水体和地下水的分布、动态及其与红黏土状态垂向分带的关系。

（5）现有建筑物开裂原因分析，当地勘察、设计、施工经验，有效工程措施及其经济指标。

（二）勘察工作的布置

1. 勘探点间距

由于红黏土具有垂直方向状态变化大、水平方向厚度变化大的特点，故勘探工作应采用较密的点距，查明红黏土厚度和状态的变化，特别是土岩组合的不均匀地基。初步勘察勘探点间距宜按一般地区复杂场地的规定进行，取 30~50m；详细勘察勘探点间距，对均匀地基宜取 12~24m，对不均匀地基宜取 6~12m，并沿基础轴线布置。厚度和状态变化大的地段，勘探点间距还可加密，应按柱基单独布置。

2. 勘探孔的深度

红黏土底部常有软弱土层，基岩面的起伏也很大，故各阶段勘探孔的深度不宜单纯根据地基变形计算深度来确定，以免漏掉对场地与地基评价至关重要的信息。对于土岩组合不均匀的地基，勘探孔深度应达到基岩，以便获得完整的地层剖面。

3. 施工勘察

当基础方案采用岩石端承桩基、场地属有石芽出露的Ⅱ类地基或有土洞需查明时应进行施工勘察，其勘探点间距和深度根据需要单独确定，确保安全需要。

对Ⅱ类地基上的各级建筑物，基坑开挖后，对已出露的石芽及导致地基不均匀性的各种情况应进行施工验槽工作。

4. 地下水

水文地质条件对红黏土评价是非常重要的因素，仅仅通过地面的测绘调查往往难以满足岩土工程评价的需要。当岩土工程评价需要详细了解地下水埋藏条件、运动规律和季节变化时，应在测绘调查的基础上补充进行地下水的勘察、试验和观测工作。

5. 室内试验

红黏土的室内试验除应满足一般黏性土试验要求外，对裂隙发育的红黏土应进行三轴前切试验或无侧限抗压强度试验。必要时，可进行收缩试验和复浸水试验。当需评价边坡稳定性时，宜进行重复剪切试验。

二、红黏土地基的岩土工程评价

（一）地基承载力的确定

红黏土承载力的确定方法，原则上与一般土并无不同。应特别注意的是，红黏土裂隙的影响以及裂隙发展和复浸水可能使其承载力下降。过去积累的确定红黏土承载力的地区性成熟经验，应予充分利用。

当基础浅埋、外侧地面倾斜、有临空面或承受较大水平荷载时，应结合以下因素，尽可能选用符合实际的测试方法综合考虑确定红黏土的承载力：

（1）土体结构和裂隙对承载力的影响。

（2）开挖面长时间暴露，裂隙发展和复浸水对土质的影响。

（二）红黏土的岩土工程评价

红黏土的岩土工程评价应符合下列要求：

（1）建筑物应避免跨越地裂密集带或深长地裂地段。

地裂是红黏土地区的一种特有的现象。地裂规模不等，长可达数百米，深可延伸至地表下数米，所经之处地面建筑无一不受损坏。故评价时应建议建筑物绕避地裂。

（2）轻型建筑物的基础埋深应大于大气影响急剧层的深度；炉窑等高温设备的基础应考虑地基土的不均匀收缩变形；开挖明渠时应考虑土体干湿循环的影响；在石芽出露的地段，应考虑地表水下渗形成的地面变形。

（3）选择适宜的持力层和基础形式，在充分考虑各种因素对红黏土性质影响的前提下，基础宜浅埋，利用浅部硬壳层，并进行下卧层承载力的验算；不能满足承载力和变形要求时，应建议进行地基处理或采用桩基础。

红黏土中基础埋深的确定可能面临矛盾。从充分利用硬层，减轻下卧软层的压力而言，宜尽量浅埋；但从避免地面不利因素影响而言，又必须深于大气影响急剧层的深度。评价时应充分权衡利弊，提出适当的建议。如果采用天然地基难以解决上述矛盾，则宜放弃天然地基，改用桩基。

（4）基坑开挖时宜采取保湿措施，边坡应及时维护，防止失水干缩。

第三节 软土

天然孔隙比大于或等于 1.0，且天然含水量大于液限的细粒土应判定为软土，包括淤泥、淤泥质土、泥炭、泥炭质土等。淤泥为在静水或缓慢的流水环境沉积，并经生物化学作用形成，其天然含水量大于液限，天然孔隙比大于或等于 1.5 的黏性土。当天然含水量大于液限而天然孔隙比小于 1.5 但大于或等于 1.0 的黏性土或粉土为淤泥质土。泥炭和泥炭质土中含有大量未分解的腐殖质，有机质含量大于 60% 的为泥炭，有机质含量 10%~60% 的为泥炭质土。

一、软土的成分和结构特征

软土是在水流不通畅、缺氧和饱水条件下形成的近代沉积物，物质组成和结构具有一定的特点。粒度成分主要为粉粒和黏粒，一般属黏土或粉质黏土、粉土。其矿物成分主要为石英、长石、白云母及大量蒙脱石、伊利石等黏土矿物，并含有少量水溶盐，有机质含量较高，一般为 6%~15%，个别可达 17%~25%。淤泥类土具有蜂窝状和絮状结构，疏松多孔，具有薄层状构造。厚度不大的淤泥类土常是淤泥质黏土、粉砂土、淤泥或泥炭交互成层或呈透镜体状夹层。

二、软土勘察的基本要求

（一）软土勘察的重点

软土勘察除应符合常规要求外，从岩土工程的技术要求出发，对软土的勘察应特别注意查明下列内容：

（1）软土的成因、成层条件、分布规律、层理特征，水平与垂直向的均匀性、渗透性，地表硬壳层的分布与厚度，可作为浅基础、深基础持力层的地下硬土层或基岩的埋藏条件与分布特征；特别是对软土的排水固结条件、沉降速率、强度增长等起关键作用的薄层理与夹砂层特征。

（2）软土地区微地貌形态与不同性质的软土层分布有内在联系，查明微地貌、旧堤、堆土场、暗埋的塘、浜、沟、穴、填土、古河道等的分布范围和埋藏深度，有助于查明软土层的分布。

（3）软土固结历史，强度和变形特征随应力水平的变化，以及结构破坏对强度和变形的影响。

软土的固结历史，确定是欠固结、正常固结或超固结土，是十分重要的。先期固结压力前后变形特性有很大不同，不同固结历史的软土的应力应变关系有不同特征；要很好地确定先期固结压力，必须保证取样的质量；另外，应注意灵敏性黏土受扰动后，结构破坏对强度和变形的影响。

（4）地下水对基础施工的影响，地基土在施工开挖、回填、支护、降水、打桩和沉井等过程中及建筑使用期间可能产生的变化、影响，并提出防治方案及建议。

（5）在强地震区应对场地的地震效应做出鉴定。

（6）当地的工程经验。

（二）勘察方法及勘察工作量布置

软土地区勘察勘探手段以钻探取样与静力触探相结合为原则；在软土地区用静力触探孔取代相当数量的勘探孔，不仅减少钻探取样和土工试验的工作量，缩短勘察周期，而且可以提高勘察工作质量；静力触探是软土地区十分有效的原位测试方法；标准贯入试验对软土并不适用，但可用于软土中的砂土、硬黏性土等。

勘探点布置应根据土的成因类型和地基复杂程度确定。当土层变化较大或有暗埋的塘、浜、沟、坑、穴时应予加密。

对勘探孔的深度，不要简单地按地基变形计算深度确定，而宜根据地质条件、建筑物特点、可能的基础类型确定；此外还应预计到可能采取的地基处理方案的要求。

软土取样应采用薄壁取土器。

软土原位测试宜采用静力触探试验、旁压试验、十字板剪切试验、扁铲侧胀试验和螺旋板载荷试验。静力触探最大的优点在于精确的分层，用旁压试验测定软土的模量和强度，用十字板剪切试验测定内摩擦角近似为零的软土强度，实践证明是行之有效的。扁铲侧胀试验和螺旋板载荷试验，虽然经验不多，但最适用于软土也是公认的。

（三）软土的力学参数的测定

软土的力学参数宜采用室内试验、原位测试并结合当地经验确定。有条件时，可根据堆载试验、原型监测反分析确定。抗剪强度指标室内宜采用三轴试验，原位测试宜采用十字板剪切试验。压缩系数、先期固结压力、压缩指数、回弹指数、固结系数，可分别采用常规固结试验、高压固结试验等方法确定。

试验土样的初始应力状态、应力变化速率、排水条件和应变条件均应尽可能模拟工程的实际条件。对正常固结的软土应在自重应力下预固结后再做不固结不排水三轴剪切试验。试验方法及设计参数的确定应针对不同工程，符合下列要求：

（1）对于一级建筑物应采用不固结不排水三轴剪切试验；对于其他建筑物可采用直接剪切试验。对于加、卸荷快的工程，应做快剪试验；对渗透性很低的黏性土，也可做无侧限抗压强度试验。

（2）对于土层排水速度快而施工速度慢的工程，宜采用固结排水剪切试验。剪切方法可用三轴试验或直剪试验，提供有效应力强度参数。

（3）一般提供峰值强度的参数，但对于土体可能发生大应变的工程应测定其残余抗剪强度。

（4）有特殊要求时，应对软土应进行蠕变试验，测定土的长期强度；当研究土对动荷载的反应，可进行动力扭剪试验、动单剪试验或动三轴试验。

（5）当对变形计算有特殊要求时，应提供先期固结压力、固结系数、压缩指数、回弹指数。试验方法一般采用常规（24 h 加一级荷重）固结试验，有经验时，也可采用快速加荷固结试验。

第四节　混合土

由细粒土和粗粒土混杂且缺乏中间粒径的土应定名为混合土。

混合土在颗粒分布曲线形态上反映呈不连续状。主要成因有坡积、洪积、冰水沉积。经验和专门研究表明，黏性土、粉土中的碎石组分的质量只有超过总质量的 25% 时，才能起到改善土的工程性质的作用；而在碎石土中，黏粒组分的质量大于总质量的 25% 时，则对碎石土的工程性质有明显的影响，特别是当含水量较大时。因此规定：当碎石土中粒径小于 0.075 mm 的细粒土质量超过总质量的 25% 时，应定名为粗粒混合土；当粉土或黏性土中粒径大于 2 mm 的粗粒土质量超过总质量的 25% 时，应定名为细粒混合土。

一、混合土勘察的基本要求

（一）混合土工程地测绘与调查的重点

混合土的工程地质测绘与调查的重点在于查明：

（1）混合土的成因、物质来源及组成成分以及其形成时期。

（2）混合土是否具有湿陷性、膨胀性。

（3）混合土与下伏岩土的接触情况以及接触面的坡向和坡度。

（4）混合土中是否存在崩塌、滑坡、潜蚀现象及洞穴等不良地质现象。

（5）当地利用混合土作为建筑物地基、建筑材料的经验以及各种有效的处理措施。

（二）勘察的重点

（1）查明地形和地貌特征，混合土的成因、分布，下卧土层或基岩的埋藏条件。

（2）查明混合土的组成、均匀性及其在水平方向和垂直方向上的变化规律。

（三）勘察方法及工作量布置

（1）宜采用多种勘探手段，如井探、钻探、静力触探、动力触探以及物探等。勘探孔的间距宜较一般土地区为小，深度则应较一般土地区为深。

（2）混合土大小颗粒混杂，除了从钻孔中采取不扰动土试样外，一般应有一定数量的探井，以便直接观察，并应采取大体积土试样进行颗粒分析和物理力学性质测定；如不能取得不扰动土试样时，则采取数量较多的扰动土试样，应注意试样的代表性。

（3）对粗粒混合土动力触探是很好的原位手段，但应有一定数量的钻孔或探井检验。

（4）现场载荷试验的承压板直径和现场直剪试验的剪切面直径都应大于试验土层最大粒径的 5 倍，载荷试验的承压板面积不应小于 0.5 m^2，直剪试验的剪切面面积不宜小于 0.25 m^2。

（5）混合土的室内试验方法及试验项目除应注意其与一般土试验的区别外，试验时还应注意土试样的代表性。在使用室内试验资料时，应估计由于土试样代表性不够所造成的影响。必须充分估计到由于土中所含粗大颗粒对土样结构的破坏和对测试资料的正确性和完备性的影响，不可盲目地套用一般测试方法和不加分析地使用测试资料。

二、混合土的岩土工程评价

混合土的岩土工程评价应包括下列内容：

（1）混合土的承载力应采用载荷试验、动力触探试验，并结合当地经验确定。

（1）混合土边坡的容许坡度值可根据现场调查和当地经验确定，对重要工程应进行专门试验研究。

第五节　填土

一、填土的分类

填土根据物质组成和堆填方式，可分为下列四类：

（1）素填土——由碎石土、砂土、粉土和黏性土等一种或几种材料组成，不含或很少含杂物。

（2）杂填土——含有大量建筑垃圾、工业废料或生活垃圾等杂物。

（3）冲填土——由水力冲填泥沙形成。

（4）压实填土——按一定标准控制材料成分、密度、含水量，分层压实或夯实而成。

二、填土勘察的基本要求

（一）填土勘察的重点内容

（1）收集资料、调查地形和地物的变迁，填土的来源、堆积年限和堆积方式。

（2）查明填土的分布、厚度、物质成分、颗粒级配、均匀性、密实性、压缩性和湿陷性、含水量及填土的均匀性等，对冲填土尚应了解其排水条件和固结程度。

（3）调查有无暗浜、暗塘、渗井、废土坑、旧基础及古墓的存在。

（4）查明地下水的水质对混凝土的腐蚀性和相邻地表水体的水力联系。

（二）勘察方法与工作量布置

（1）勘探点一般按复杂场地布置加密加深，对暗埋的塘、浜、沟、坑的范围，应予追索并圈定。勘探孔的深度应穿透填土层。

（2）勘探方法应根据填土性质，针对不同的物质组成，确定采用不同的手段。对由粉土或黏性土组成的素填土，可采用钻探取样、轻型钻具如小口径螺纹钻、洛阳铲等与原位测试相结合的方法；对含较多粗粒成分的素填土和杂填土宜采用动力触探、钻探，杂填土成分复杂，均匀性很差，单纯依靠钻探难以查明，应有一定数量的探井。

（3）测试工作应以原位测试为主，辅以室内试验，填土的工程特性指标宜采用下列测试方法确定：

1）填土的均匀性和密实度宜采用触探法，并辅以室内试验；轻型动力触探适用于黏性、粉性素填土，静力触探适用于冲填土和黏性素填土，重型动力触探适用于粗粒填土。

2）填土的压缩性、湿陷性宜采用室内固结试验或现场载荷试验。

3）杂填土的密度试验宜采用大容积法。

4）对压实填土（压实黏性土填土），在压实前应测定填料的最优含水量和最大干密度，压实后应测定其干密度，计算压实系数；大量的、分层的检验，可用微型贯入仪测定贯入度，作为密实度和均匀性的比较数据。

三、填土的岩土工程评价

填土的岩土工程评价应符合下列要求：

（1）阐明填土的成分、分布和堆积年代，判定地基的均匀性、压缩性和密实度，必要时应按厚度、强度和变形特性分层或分区评价。

（2）除了控制质量的压实填土外，一般说来，填土的成分比较复杂，均匀性差，厚度变化大，利用填土作为天然地基应持慎重态度。对堆积年限较长的素填土、冲填土和由建筑垃圾或性能稳定的工业废料组成的杂填土，当较均匀和较密实时可作为天然地基；由有机质含量较高的生活垃圾和对基础有腐蚀性的工业废料组成的杂填土，不宜作为天然地基。

（3）填土的地基承载力，可由轻型动力触探、重型动力触探、静力触探和取样分析确定，必要时应采用载荷试验。

（4）当填土底面的天然坡度大于 20% 时，应验算其稳定性。

第六节　多年冻土

含有固态水且冻结状态持续 2 年或 2 年以上的土，应判定为多年冻土。我国多年冻土主要分布在青藏高原、帕米尔及西部高山（包括祁连山、阿尔泰山、天山等），东北的大小兴安岭和其他高山的顶部也有零星分布。冻土的主要特点是含有冰，保持冻结状态 2 年或 2 年以上。多年冻土对工程的主要危害是其融沉性（或称融陷性）和冻胀性。

多年冻土中如含易溶盐或有机质，对其热学性质和力学性质都会产生明显影响，前者称为盐渍化多年冻土，后者称为泥炭化多年冻土。

一、多年冻土勘察的基本要求

（一）多年冻土勘察的重点

多年冻土的设计原则有“保持冻结状态的设计”“逐渐融化状态的设计”和“预先融化状态的设计”。不同的设计原则对勘察的要求是不同的。多年冻土勘察应根据多年冻土的设计原则、多年冻土的类型和特征进行，并应查明下列内容：

（1）多年冻土的分布范围及上限深度及其变化值，是各项工程设计的主要参数；影响上限深度及其变化的因素很多，如季节融化层的导热性能、气温及其变化，地表受日照和反射热的条件，多年地温等。确定上限深度主要有下列方法：

1）野外直接测定：在最大融化深度的季节，通过勘探或实测地温，直接进行鉴定；在衔接的多年冻土地区，在非最大融化深度的季节进行勘探时，可根据地下冰的特征和位置判断上限深度。

2）用有关参数或经验方法计算：东北地区常用上限深度的统计资料或公式计算，或用融化速率推算；青藏高原常用外推法判断或用气温法、地温法计算。

（2）多年冻土的类型、厚度、总含水量、构造特征、物理力学和热学性质。

多年冻土的类型，按埋藏条件分为衔接多年冻土和不衔接多年冻土；按物质成分有盐渍多年冻土和泥炭多年冻土；按变形特性分为坚硬多年冻土、塑性多年冻土和松散多年冻土。多年冻土的构造特征有整体状构造、层状构造、网状构造等。

（3）多年冻土层上水、层间水和层下水的赋存形式、相互关系及其对工程的影响。

（4）多年冻土的融沉性分级和季节融化层土的冻胀性分级。

（5）厚层地下冰、冰锥、冰丘、冻土沼泽、热融滑塌、热融湖塘、融冻泥流等不良地质作用的形态特征、形成条件、分布范围、发生发展规律及其对工程的危害程度。

（二）多年冻土的勘探点间距和勘探深度

多年冻土地区勘探点的间距，除应满足一般土层地基的要求外，应适当加密，以查明土的含冰变化情况和上限深度。多年冻土勘探孔的深度，应符合设计原则的要求，应满足下列要求：

（1）对保持冻结状态设计的地基，不应小于基底以下 2 倍基础宽度，对桩基应超过桩端以下 5m；大、中桥地基的勘探深度不应小于 20m；小桥和挡土墙的勘探深度不应小于 12m；涵洞不应小于 7 m。

（2）对逐渐融化状态和预先融化状态设计的地基，应符合非冻土地基的要求；道路路堑的勘探深度，应至最大季节融冻深度下 2~3 m。

（3）无论何种设计原则，勘探孔的深度均宜超过多年冻土上限深度的 1.5 倍。

（4）在多年冻土的不稳定地带，应有部分钻孔查明多年冻土下限深度；当地基为饱冰冻土或含土冰层时，应穿透该层。

（5）对直接建在基岩上的建筑物或对可能经受地基融陷的三级建筑物，勘探深度可按一般地区勘察要求进行。

（三）多年冻土的勘探测试

（1）多年冻土地区钻探宜缩短施工时间，为避免钻头摩擦生热而破坏冻层结构，保持岩芯核心土温不变，宜采用大口径低速钻进，一般开孔孔径不宜小于 130 mm，终孔直径不宜小于 108mm，回次钻进时间不宜超过 5min，进尺不宜超过 0.3m，遇含冰量大的泥炭或黏性土可进尺 0.5m；钻进中使用的冲洗液可加入适量食盐，以降低冰点，必要时可采用低温泥浆，以避免在钻孔周围造成人工融区或孔内冻结。

（2）应分层测定地下水位。

（3）保持冻结状态设计地段的钻孔，孔内测温工作结束后应及时回填。

由于钻进过程中孔内蓄存了一定热量，要经过一段时间的散热后才能恢复到天然状态的地温，其恢复的时间随深度的增加而增加，一般 20m 深的钻孔需一星期左右的恢复时间，因此孔内测温工作应在终孔 7 天后进行。

（4）取样的竖向间隔，除应满足一般要求外，在季节融化层应适当加密，试样在采取、搬运、贮存、试验过程中应避免融化；进行热物理和冻土力学试验的冻土试样，取出后应立即冷藏，尽快试验。

（5）试验项目除按常规要求外，尚应根据工程要求和现场具体情况，与设计单位协商后确定，进行总含水量、体积含冰量、相对含冰量、未冻水含量、冻结温度、导热系数、冻胀量、融化压缩等项目的试验；对盐渍化多年冻土和泥炭化多年冻土，应分别测定易溶盐含量和有机质含量。

（6）工程需要时，可建立地温观测点，进行地温观测。

（7）当需查明与冻土融化有关的不良地质作用时，调查工作宜在二～五月份进行；多年冻土上限深度的勘察时间宜在九、十月份。

二、多年冻土的岩土工程评价

多年冻土的岩土工程评价应符合下列要求：

（1）地基设计时，多年冻土的地基承载力，保持冻结地基与容许融化地基的承载力大不相同，必须区别对待。地基承载力目前尚无计算方法，只能结合当地经验用载荷试验或其他原位测试方法综合确定，对次要建筑物可根据邻近工程经验确定。

（2）除次要的临时性的工程外，建筑物一定要避开不良地段，选择有利地段。宜避开饱冰冻土、含土冰层地段和冰锥、冰丘、热融湖、厚层地下冰，融区与多年冻土区之间的过渡带，宜选择坚硬岩层、少冰冻土和多冰冻土地段以及地下水位或冻土层上水位低的地段和地形平缓的高地。

第七节　膨胀岩土

含有大量亲水矿物，湿度变化时有较大体积变化，变形受约束时产生较大内应力的岩土，应判定为膨胀岩土。膨胀岩土包括膨胀岩和膨胀土。

一、膨胀岩土勘察的基本要求

（一）勘察阶段及各阶段的主要任务

勘察阶段应与设计阶段相适应，可分为选择场址勘察、初步勘察和详细勘察三个阶段。

对场地面积不大、地质条件简单或有建设经验的地区，可简化勘察阶段，但应达到详细勘察阶段的要求。对地形地质条件复杂或有成群建筑物破坏的地区，必要时还应进行专门性的勘察工作。

1. 选择场址勘察阶段

选择场址勘察阶段应以工程地质调查为主，辅以少量探坑或必要的钻探工作，了解地层分布，采取适量扰动土样，测定自由膨胀率，初步判定场地内有无膨胀土，对拟选场址的稳定性和适宜性做出工程地质评价。

2. 初步勘察阶段

初步勘察阶段应确定膨胀土的胀缩性，对场地稳定性和工程地质条件做出评价，为确定建筑总平面布置、主要建筑物地基基础方案及对不良地质现象的防治方案提供工程地质资料。其主要工作应包括下列内容：

（1）工程地质条件复杂并且已有资料不符合要求时，应进行工程地质测绘，所用的比例尺可采用 1 ： 1 000~1 ： 5 000。

（2）查明场地内不良地质现象的成因、分布范围和危害程度，预估地下水位季节性变化幅度和对地基土的影响。

（3）采取原状土样进行室内基本物理性质试验、收缩试验、膨胀力试验和 50kPa 压力下的膨胀率试验，初步查明场地内膨胀土的物理力学性质。

3. 详细勘察阶段

详细勘察阶段应详细查明各建筑物的地基土层及其物理力学性质，确定其胀缩等级，为地基基础设计、地基处理、边坡保护和不良地质地段的治理，提供详细的工程地质资料。

（二）勘察方法和勘察工作量

1. 工程地质测绘和调查

膨胀岩土地区工程地质测绘与调查宜采用 1 ： 1 000~1 ： 2 000 比例尺，应着重研究下列内容：

（1）查明膨胀岩土的岩性、地质年代、成因、产状、分布以及颜色、节理、裂缝等外观特征及空间分布特征。

（2）划分地貌单元和场地类型，查明有无浅层滑坡、地裂、冲沟以及微地貌形态和植被分布情况和浇灌方法。

（3）调查地表水的排泄和积聚情况以及地下水类型、水位和变化规律；土层中含水量的变化规律。

（4）收集当地降水量、蒸发力、气温、地温、干湿季节、干旱持续时间等气象资料，查明大气影响深度。

（5）调查当地建筑物的结构类型、基础形式和埋深，建筑物的损坏部位，破裂机制、破裂的发生发展过程及胀缩活动带的空间展布规律。

2. 勘探点布置和勘探深度

勘探点宜结合地貌单元和微地貌形态布置，其数量应比非膨胀岩土地区适当增加，其中取土勘探点，应根据建筑物类别、地貌单元及地基土胀缩等级分布布置，其数量不应少于全部勘探点数量的 1/2 ；详细勘察阶段，在每栋主要建筑物下不得少于 3 个取土勘探点。

勘探孔的深度，除应满足基础埋深和附加应力的影响深度外，应超过大气影响深度；控制性勘探孔不应小于 8 m，一般性勘探孔不应小于 5 m。

二、膨胀岩土的岩土工程评价

（一）膨胀岩土的判定

膨胀岩土的判定，目前尚无统一的指标和方法，多年来一直分为初判和终判两步的综合判定方法。对膨胀土初判主要根据地貌形态、土的外观特征和自由膨胀率；终判是在初判的基础上结合各种室内试验及邻近工程损坏原因分析进行。

1. 膨胀土初判方法

具有下列工程地质特征的场地，一般自由膨胀率大于或等于 40% 的土可初判为膨胀土：

（1）多分布在二级或二级以上阶地、山前丘陵和盆地边缘。

（2）地形平缓，无明显自然陡坎。

（3）常见浅层滑坡、地裂，新开挖的路堑、边坡、基槽易发生坍塌。

（4）裂缝发育，方向不规则，常有光滑面和擦痕，裂缝中常充填灰白、灰绿色黏土。

（5）干时坚硬，遇水软化，自然条件下呈坚硬或硬塑状态。

（6）未经处理的建筑物成群破坏，低层较多层严重，刚性结构较柔性结构严重。

（7）建筑物开裂多发生在旱季，裂缝宽度随季节变化。

2. 膨胀土的终判方法

对初判为膨胀土的地区，应计算土的膨胀变形量、收缩变形量和胀缩变形量，并划分胀缩等级。当拟建场地或其邻近有膨胀岩土损坏的工程时，应判定为膨胀岩土，并进行详细调查，分析膨胀岩土对工程的破坏机制，估计膨胀力的大小和胀缩等级。

这里需说明三点：

（1）自由膨胀率是一个很有用的指标，但不能作为唯一依据，否则易造成误判。

（2）从实用出发，应以是否造成工程的损害为最直接的标准；但对于新建工程，不一定有已有工程的经验可借鉴，此时仍可通过各种室内试验指标结合现场特征判定。

（3）初判和终判不是互相分割的，应互相结合、综合分析，工作的次序是从初判到终判，但终判时仍应综合考虑现场特征，不宜只凭个别试验指标确定。

3. 膨胀岩的判定

对于膨胀岩的判定尚无统一指标，作为地基时，可参照膨胀土的判定方法进行判定。目前，膨胀岩作为其他环境介质时，其膨胀性的判定标准也不统一。例如，中国科学院地质研究所将钠蒙脱石含量 5%~6%、钙蒙脱石含量 11%~14% 作为判定标准。铁道部第一勘测设计院以蒙脱石含量 8% 或伊利石含量 20% 作为标准。此外，也有将黏粒含量作为判定指标的，例如铁道部第一勘测设计院以粒径小于 0.002 mm 含量占 25% 或粒径小于 0.005mm 含量占 30% 作为判定标准。还有将干燥饱和吸水率 25% 作为膨胀岩和非膨胀岩的划分界线。

但是，最终判定时岩石膨胀性的指标还是膨胀力和不同压力下的膨胀率，这一点与膨胀土相同。对于膨胀岩，膨胀率与时间的关系曲线以及在一定压力下膨胀率与膨胀力的关系，对洞室的设计和施工具有重要的意义。

（二）地基承载力的确定

（1）一级工程的地基承载力应采用浸水载荷试验方法确定，二级工程宜采用浸水载荷试验，三级工程可采用饱和状态下不固结不排水三轴剪切试验计算或根据已有经验确定。

（2）采用饱和三轴不排水快剪试验确定土的抗剪强度时，可按国家现行建筑地基基础设计规范中有关规定计算承载力。

（3）已有大量试验资料地区，可制订承载力表，供一般工程采用，无资料地区，可采用国家标准数据。

（三）设计注意事项

（1）对建在膨胀岩土上的建筑物，其基础埋深、地基处理、桩基设计、总平面布置、建筑和结构措施、施工和维护，应符合现行国家标准《膨胀土地区建筑技术规范》（GBJ 112-87）的规定。

（2）对边坡及位于边坡上的工程，应进行稳定性验算；验算时应考虑坡体内含水量变化的影响；均质土可采用圆弧滑动法，有软弱夹层及层状膨胀岩土应按最不利的滑动面验算；具有胀缩裂缝和地裂缝的膨胀土边坡，应进行沿裂缝滑动的验算。

坡地场地稳定性分析时，考虑含水量变化的影响十分重要，含水量变化的原因有：

1）挖方填方量较大时，岩土体中含水状态将发生变化。

2）平整场地破坏了原有地貌、自然排水系统和植被，改变了岩土体吸水和蒸发。

3）坡面受多向蒸发，大气影响深度大于平坦地带。

4）坡地旱季出现裂缝，雨季雨水灌入，易产生浅层滑坡；久旱降雨造成坡体滑动。

第八节　盐渍岩土

岩土中易溶盐含量大于0.3%，并具有溶陷、盐胀、腐蚀等工程特性时，应判定为盐渍岩土。

除了细粒盐渍土外，我国西北内陆盆地山前冲积扇的沙砾层中，盐分以层状或窝状聚集在细粒土夹层的层面上，形状为几厘米至十几厘米厚的结晶盐层或含盐沙砾透镜体，盐晶呈纤维状晶族。对这类粗粒盐渍土，研究成果和工程经验不多，勘察时应予以注意。

一、盐渍岩土的分类

盐渍岩按主要含盐矿物成分可分为石膏盐渍岩、芒硝盐渍岩等。当环境条件变化时，盐渍岩工程性质亦产生变化。盐渍岩一般见于湖相或深湖相沉积的中生界地层，如白垩系红色泥质粉砂岩、三叠系泥灰岩及页岩。

含盐化学成分、含盐量对盐渍土有下列影响：

1. 含盐化学成分的影响

（1）氯盐类的溶解度随温度变化甚微，吸湿保水性强，使土体软化。

（2）硫酸盐类则随温度的变化而胀缩，使土体变软。

（3）碳酸盐类的水溶液有强碱性反应，使黏土胶体颗粒分散，引起土体膨胀。

2. 含盐量的影响

盐渍土中含盐量的多少对盐渍土的工程特性影响较为明显。

二、盐渍岩土勘察的基本要求

（一）盐渍岩土的勘察内容

（1）盐渍岩土的分布范围、形成条件、含盐类型、含盐程度、溶蚀洞穴发育程度和空间分布状况，以及植物分布生长状况。

（2）对含石膏为主的盐渍岩，应查明当地硬石膏的水化程度（硬石膏水化后变成石膏的界限）；对含芒硝较多的盐渍岩，在隧道通过地段查明地温情况。

（3）大气降水的积聚、径流、排泄、洪水淹没范围、冲蚀情况及地下水类型、埋藏条件、水质变化特征、水位及其变化幅度。

（4）有害毛细水上升高度值。粉土、黏性土用塑限含水量法，砂土用最大分子含水量法确定。

（5）收集研究区域气象（主要为气温、地温、降水量、蒸发量）和水文资料，并分析其对盐渍岩土工程性能的影响。

（6）收集研究区域盐渍岩土地区的建筑经验。

（7）对具有盐胀性、湿陷性的盐渍岩土，尚应按照有关规范查明其湿陷性和膨胀性。

（二）盐渍岩土地区的调查工作内容

盐渍岩土地区的调查工作，包括下列内容：

（1）盐渍岩土的成因、分布和特点。

（2）含盐化学成分、含盐量及其在岩土中的分布。

（3）溶蚀洞穴发育程度和分布。

（4）收集气象和水文资料。

（5）地下水的类型、埋藏条件、水质、水位及其季节变化。

（6）植物生长状况。

（7）含石膏为主的盐渍岩石膏的水化深度，含芒硝较多的盐渍岩，在隧道通过地段的地温情况。

硬石膏经水化后形成石膏，在水化过程中体积膨胀，可导致建筑物的破坏；另外，在石膏——硬石膏分布地区，几乎都发育岩溶化现象，在建筑物运营期间，在石膏——硬石膏中出现岩溶化洞穴，造成基础的不均匀沉陷。

芒硝的物态变化导致其体积的膨胀与收缩。当温度在 32.4℃以下时，芒硝的溶解度随着温度的降低而降低。因此，温度变化，芒硝将发生严重的体积变化，造成建筑物基础和洞室围岩的破坏。

（8）调查当地工程经验。

（三）勘探工作的布置及试样的采取

（1）勘探工作布置应满足查明盐渍岩土分布特征的要求；盐渍土平面分区可为总平面图设计选择最佳建筑场地；竖向分区则为地基设计、地下管道的埋设以及盐渍土对建筑材料腐蚀性评价等提供有关资料。

（2）采取岩土试样宜在干旱季节进行，对用于测定含盐离子的扰动土取样。

（3）工程需要时，应测定有害毛细水上升的高度。

（4）应根据盐渍土的岩性特征，选用载荷试验等适宜的原位测试方法，对于溶陷性盐渍土尚应进行浸水载荷试验确定其溶陷性。

（5）对盐胀性盐渍土宜现场测定有效盐胀厚度和总盐胀量，当土中硫酸钠含量不超过 1% 时，可不考虑盐胀性；对盐胀性盐渍土应进行长期观测以确定其盐胀临界深度。据柴达木盆地实际观测结果，日温差引起的盐胀深度仅达表层下 0.3 m 左右，深层土的盐胀由年温差引起，其盐胀深度范围在 0.3 m 以下。

盐渍土盐胀临界深度，是指盐渍土的盐胀处于相对稳定时的深度。盐胀临界深度可通过野外观测获得，方法是在拟建场地自地面向下 5 m 左右深度内，于不同深度处埋设测标，每日定时数次观测气温、各测标的盐胀量及相应深度处的地温变化，观测周期为一年。柴达木盆地盐胀临界深度一般大于 3.0m，大于一般建筑物浅基的埋深，如某深度处盐渍土由温差变化影响而产生的盐胀压力，小于上部有效压力时，其基础可适当浅埋，但室内地面下需作处理，以防由盐渍土的盐胀而导致的地面膨胀破坏。

（6）除进行常规室内试验外，盐渍土的特殊试验要求对盐胀性和湿陷性指标的测定按照膨胀土和湿陷土的有关试验方法进行；对硬石膏根据需要可做水化试验、测定有关膨胀参数；应有一定数量的试样做岩、土的化学含量分析、矿物成分分析和有机质含量的测试。

三、盐渍岩土的岩土工程评价

盐渍岩土的岩土工程评价应包括下列内容：

（1）岩土中含盐类型、含盐量及主要含盐矿物对岩土工程特性的影响。

（2）岩土的溶陷性、盐胀性、腐蚀性和场地工程建设的适宜性。

（3）盐渍土由于含盐性质及含盐量的不同，土的工程特性各异，地域性强，目前尚不具备以土工试验指标与载荷试验参数建立关系的条件，故载荷试验是获取盐渍土地基承载力的基本方法，盐渍土地基的承载力宜采用载荷试验确定，当采用其他原位测试方法时，应与载荷试验结果进行对比。

（4）盐渍岩边坡的坡度宜比非盐渍岩的软质岩石边坡适当放缓，对软弱夹层，破碎带应部分或全部加以防护。

（5）盐渍岩土对建筑材料的腐蚀性评价，应按水土对建筑材料的腐蚀性评价执行。

第九节　风化岩和残积土

岩石在风化作用下，其结构、成分和性质已产生不同程度的变异，应定名为风化岩。已完全风化成土而未经搬运的应定名为残积土。

不同的气候条件和不同的岩类具有不同风化特征，湿润气候以化学风化为主，干燥气候以物理风化为主。花岗岩类多沿节理风化，风化厚度大，且以球状风化为主。层状岩，多受岩性控制，硅质比黏土质不易风化，风化后层理尚较清晰，风化厚度较薄。可溶岩以溶蚀为主，有岩溶现象，不具完整的风化带，风化岩保持原岩结构和构造，而残积土则已全部风化成土，矿物结晶、结构、构造不易辨认，成碎屑状的松散体。

一、风化岩与残积土的工程地质特征

（1）风化岩一般都具有较高的承载力，但由于岩石本身风化的程度、风化的均匀性和连续性不尽相同，故地基强度也不一样。当同一建筑物拟建在风化程度不同（软硬互层）的风化岩地基上时，应考虑不均匀沉降和斜坡稳定性问题。

（2）岩石已完全风化成土而未经搬运的应定为残积土，其承载力较高。风化岩与残积土作为一般建筑物的地基，是很好的持力层。

二、风化岩与残积土勘察的基本要求

（一）风化岩和残积土勘察的重点

风化岩和残积土勘察的任务，对不同的工程应有所侧重。如作为建筑物天然地基时，应着重查明岩土的均匀性及其物理力学性质，作为桩基础时应重点查明破碎带和软弱夹层的位置和厚度等。风化岩和残积土的勘察应着重查明下列内容：

（1）母岩地质年代和岩石名称。

（2）岩石的风化程度。

（3）岩脉和风化花岗岩中球状风化体（孤石）的分布。

（4）岩土的均匀性、破碎带和软弱夹层的分布。

（5）地下水的赋存状况及其变化。

（二）现场勘探工作量布置

（1）勘探点间距除遵循一般原则外，应按复杂地基取小值，对层状岩应垂直走向布置，并考虑具有软弱夹层的特点。各勘察阶段的勘探点均应考虑到不同岩层和其中岩脉的产状及分布特点布置；一般在初勘阶段，应有部分勘探点达到或深入微风化层，了解整个风化剖面。

（2）除用钻探取样外，对残积土或强风化带应有一定数量的探井，直接观察其结构，岩土暴露后的变化情况（如干裂、湿化、软化等等）。从探井中采取不扰动试样并利用探井作原位密度试验等。

（3）为了保证采取风化岩样质量的可靠性，宜在探井中刻取或用双重管、三重管取样器采取试样，每一风化带不应少于 3 组。

（4）风化岩和残积土一般很不均匀，取样试验的代表性差，故应考虑原位测试与室内试验相结合的原则，并以原位测试为主。原位测试可采用圆锥动力触探、标准贯入试验、波速测试和载荷试验。

对风化岩和残积土的划分，可用标准贯入试验或无侧限抗压强度试验，也可采用波速测试，同时也不排除用规定以外的方法，可根据当地经验和岩土的特点确定。

三、风化岩和残积土的岩土工程评价

（1）花岗岩类残积土的地基承载力和变形模量应采用载荷试验确定。有成熟地方经验时，对于地基基础设计等级为乙级、丙级的工程，可根据标准贯入试验等原位测试资料，结合当地经验综合确定。

（2）对于厚层的强风化和全风化岩石，宜结合当地经验进一步划分为碎块状、碎屑状和土状；厚层残积土可进一步划分为硬塑残积土和可塑残积土，也可根据含砾或含砂量划分为黏性土、砂质黏性土和砾质黏性土。

（3）建在软硬互层或风化程度不同地基上的工程，应分析不均匀沉降对工程的影响。花岗岩分布区，因为气候湿热，接近地表的残积土受水的淋滤作用，氧化铁富集，并稍具胶结状态，形成网纹结构，土质较坚硬，而其下强度较低，再下由于风化程度减弱强度逐渐增加。因此，同一岩性的残积土强度不一，评价时应予以注意。

（4）基坑开挖后应及时检验，对于易风化的岩类，应及时砌筑基础或采取其他措施，防止风化发展。

（5）对岩脉和球状风化体（孤石），应分析评价其对地基（包括桩基）的影响，并提出相应的建议。

第十节　污染土

由于致污物质（工业污染、尾矿污染和垃圾填埋场渗滤液污染等）的侵入，使其成分、结构和性质发生了显著变异的土，应判定为污染土（contaminated soil）。污染土的定名可在原分类名称前冠以“污染”二字。

目前，国内外关于污染土特别是岩土工程方面的资料不多，国外也还没有这方面的规范。我国从20世纪60年代开始就有勘察单位进行污染土的勘察、评价和处理，但资料较分散。

一、污染土场地的勘察和评价的主要内容

污染土场地和地基可分为下列类型，不同类型场地和地基勘察应突出重点。

（1）已受污染的已建场地和地基；

（2）已受污染的拟建场地和地基；

（3）可能受污染的已建场地和地基；

（4）可能受污染的拟建场地和地基。

根据国内进行过的污染土勘察工作，场地类型中最多的是受污染的已建场地，即对污染土造成的建筑物地基事故的勘察调查。不同场地的勘察要求和评价内容稍有不同，但基本点是研究土与污染物相互作用的条件、方式、结果和影响。污染土场地的勘察和评价应包括下列内容：

（1）查明污染前后土的物理力学性质、矿物成分和化学成分等。

（2）查明污染源、污染物的化学成分、污染途径、污染史等。

（3）查明污染土对金属和混凝土的腐蚀性。

（4）查明污染土的分布，按照有关标准划分污染等级。

（5）查明地下水的分布、运动规律及其与污染作用的关系。

（6）提出污染土的力学参数，评价污染土地基的工程特性。

（7）提出污染土的处理意见。

二、污染土勘探与测试的要求

污染土场地和地基的勘察，应根据工程特点和设计要求选择适宜的勘察手段。目前国内尚不具有污染土勘察专用的设备或手段，还只能采用一般常用的手段进行污染土的勘察；手段的选用主要根据土的原分类对于该手段的适宜性，如对于污染的砂土或砂岩，可选择适宜砂土或岩石的勘察手段。原则上应符合下列要求：

（1）以现场调查为主，对工业污染应着重调查污染源、污染史、污染途径、污染物成分、污染场地已有建筑物受影响程度、周边环境等。对尾矿污染应重点调查不同的矿物种类和化学成分，了解选矿所采用工艺、添加剂及其化学性质和成分等。对垃圾填埋场应着重调查垃圾成分、日处理量、堆积容量、使用年限、防渗结构、变形要求及周边环境等。

（2）采用钻探或坑探采取土试样，现场观察污染土颜色、状态、气味和外观结构等，并与正常土比较，查明污染土分布范围和深度。

（3）直接接触试验样品的取样设备应严格保持清洁，每次取样后均应用清洁水冲洗后再进行下一个样品的采取；对易分解或易挥发等不稳定组分的样品，装样时应尽量减少土样与空气的接触时间，防止挥发性物质流失并防止发生氧化；土样采集后宜采取适宜的保存方法并在规定时间内运送实验室。

（4）对需要确定地基土工程性能的污染土，宜采用以原位测试为主的多种手段；当需要确定污染土地基承载力时，宜进行载荷试验。

目前对污染土工程特性的认识尚不足，由于土与污染物相互作用的复杂性，每一特定场地的污染土有它自己的特性。因此，污染土的承载力宜采用载荷试验和其他原位测试确定，并进行污染土与未污染土的对比试验。国内已有在可能受污染场地作野外浸酸载荷试验的经验。这种试验是评价污染土工程特性的可靠依据。

（5）拟建场地污染土勘察宜分为初步勘察和详细勘察两个阶段。条件简单时，可直接进行详细勘察。初步勘察应以现场调查为主，配合少量勘探测试，查明污染源性质、污染途径，并初步查明污染土分布和污染程度；详细勘察应在初步勘察的基础上，结合工程特点、可能采用的处理措施，有针对性地布置勘察工作量，查明污染土的分布范围、污染程度、物理力学和化学指标，为污染土处理提供参数。

（6）勘探点布置、污染土、水取样间距和数量的原则是要查明污染土及污染程度的空间分布，可根据各类场地具体情况提出不同具体要求；勘探测试工作量的布置应结合污染源和污染途径的分布进行，近污染源处勘探点间距宜密，远污染源处勘探点间距宜疏。为查明污染土分布的勘探孔深度应穿透污染土。详细勘察时，污染土试样的间距应根据其厚度及可能采取的处理措施等综合确定。确定污染土与非污染土界限时，取土间距不宜大于 1 m。

有地下水的勘探孔应采取不同深度地下水试样，查明污染物在地下水中的空间分布。

同一钻孔内采取不同深度的地下水试样时，应采用严格的隔离措施，防止因采取混合水样而影响判别结论。

（7）室内试验项目应根据土与污染物相互作用特点及土的性质的变化确定。污染土和水的室内试验，应根据污染情况和任务要求进行下列试验：

1）污染土和水的化学成分。

2）污染土的物理力学性质。

3）对建筑材料腐蚀性的评价指标。

4）对环境影响的评价指标。

5）力学试验项目和试验方法应充分考虑污染土的特殊性质，进行相应的试验，如膨胀、湿化、湿陷性试验等。

6）必要时进行专门的试验研究。

对污染土的勘探测试，当污染物对人体健康有害或对机具仪器有腐蚀性时，应采取必要的防护措施。

根据国内外一些实例，污染土的性质可能具有下列某些特征：

（1）酸液对各种土类都会导致力学指标的降低。

（2）碱液可导致酸性土的强度降低，有资料表明，压力在 50 kPa 以内时压缩性的增大尤为明显，但碱性可使黄土的强度增大。

（3）酸碱液都可能改变土的颗粒大小和结构或降低土颗粒间的连接力，从而改变土的塑性指标；多数情况下塑性指数降低，但也有增大的实例。

（4）我国西北的戈壁碎石土硫酸浸入可导致土体膨胀，而盐酸浸入时无膨胀现象，但强度明显降低。

（5）土受污染后一般将改变渗透性。

（6）酸性侵蚀可能使某些土中的易溶盐含量有明显增加。

（7）土的 pH 值可能明显地反映不同的污染程度。

（8）土与污染物相互作用一般都具有明显的时间效应。

三、污染土的岩土工程评价

污染土的岩土工程评价，对可能受污染场地，提出污染可能产生的后果和防治措施；对已受污染场地，应进行污染分级和分区，提出污染土工程特性、腐蚀性、治理措施和发展趋势等。污染土评价应根据任务要求进行，对场地和建筑物地基的评价应符合下列要求：

（1）污染源的位置、成分、性质、污染史及对周边的影响。

（2）污染土分布的平面范围和深度、地下水受污染的空间范围。

（3）污染土的物理力学性质，评价污染对土的工程特性指标的影响程度。

根据工程具体情况，可采用强度、变形、渗透等工程特性指标进行综合评价。

（4）工程需要时，提供地基承载力和变形参数，预测地基变形特征。

（5）污染土和水对建筑材料的腐蚀性。

污染土和水对建筑材料的腐蚀性评价和腐蚀等级的划分，应符合有关规定。

（6）污染土和水对环境的影响。

污染土和水对环境影响的评价应结合工程具体要求进行，无明确要求时可按现行国家标准的有关规定进行评价。

（7）分析污染发展趋势。

预测发展趋势，应对污染源未完全隔绝条件下可能产生的后果、对污染作用的时间效应导致土性继续变化做出预测。这种趋势可能向有利方面变化，也可能向不利方面变化。

（8）对已建项目的危害性或拟建项目适宜性的综合评价。

污染土的防治处理应在污染土分区基础上，对不同污染程度区别对待，一般情况下严重和中等污染土是必须处理的，轻微污染土可不处理。但对建筑物或基础具腐蚀性时，应提出防护措施的建议。

污染土的处置与修复应根据污染程度、分布范围、土的性质、修复标准、处理工期和处理成本等综合考虑。

参考文献

[1] 中国施工企业管理协会 . 岩土工程技术的新发展与工程应用 [M]. 北京：中国市场出版社 , 2022.

[2] 蒋忠信，秦小林，黄俊作 . 特殊岩土研究与道路工程实践 [M]. 成都：四川科学技术出版社 , 2022.

[3] 李庆海 . 岩土工程实务 [M]. 北京：中国建筑工业出版社 , 2022.

[4] 龚晓楠，杨仲轩 . 岩土工程计算与分析 [M]. 北京：中国建筑工业出版社 , 2021.

[5] 张洁，肖特，姬建，等 . 岩土工程可靠性分析理论、方法与算法 [M]. 上海：同济大学出版社 , 2021.

[6] 冯震 . 岩土工程测试检测与监测技术 [M]. 北京：清华大学出版社 , 2021.

[7] 杨涛，冯君，肖清华，等 . 岩土工程数值计算及工程应用 [M]. 成都：西南交通大学出版社 , 2021.

[8] 何林，刘聪 . 岩土工程监测 [M]. 哈尔滨：哈尔滨工业大学出版社 , 2021.

[9] 杨石飞 . 岩土工程一体化咨询与实践 [M]. 北京：中国建筑工业出版社 , 2021.

[10] 孙光林，胡江春，王红芳 . 岩土工程分析及边坡灾害应对研究 [M]. 郑州：黄河水利出版社 , 2021.

[11] 本书编写组 . 冻土地区架空输电线路岩土工程勘测技术规程 [M]. 北京：中国建筑工业出版社 , 2021.

[12] 李向阳，张石虎 . 岩土工程便捷设计导图 [M]. 武汉：中国地质大学出版社 , 2020.

[13] 王志佳，吴祚菊，张建经 . 岩土工程振动台试验模型设计理论及技术 [M]. 成都：西南交通大学出版社 , 2020.

[14] 卢玉南 . 广西岩土工程理论与实践 [M]. 长春：吉林大学出版社 , 2020.

[15] 李怀奇 , 杨桂华 . 勘察技术在岩土工程施工中的应用研究 [J]. 新晋商 ,2019(第 10 期) : 202-203.

[16] 沈小康 . 岩土工程勘察与施工 [M]. 西安：陕西科学技术出版社 , 2020.

[17] 王祥国 . 岩土工程与隧道施工技术研究 [M]. 成都：电子科学技术大学出版社 , 2020.

[18] 杨焕仙 . 矿山施工中岩土工程勘察技术的难点研究 [J]. 世界有色金属 ,2019(第 20 期)：264，266.

[19] 本书编写组 . 岩土工程检测规范 [M]. 北京：中国计划出版社 , 2020.

[20] 本书编写组 . 岩土工程勘察文件技术审查要点 [M]. 北京：中国建筑工业出版社 , 2020.

[21] 龚晓南，沈小克 . 岩土工程地下水控制理论、技术及工程实践 [M]. 北京：中国建筑工业出版社 , 2020.

[22] 张瑞元 . 隧道岩土工程勘察及施工技术研究 [J]. 智能城市 ,2021(第 10 期)：167-168.

[23] 文吉英 . 特殊地质地貌区岩土工程勘察施工技术研究 [J]. 中国金属通报 ,2022(第 3 期)：120-122.

[24] 魏荣耀 . 岩土工程勘察与地基施工处理技术研究 [J]. 大科技 ,2023(第 7 期)：79-81.

[25] 任重 . 勘察技术在岩土工程施工中的应用研究 [J]. 城市建设理论研究 (电子版),2022(第 10 期)：70-72.

[26] 葛坤明 . 岩土工程勘察与地基施工处理技术研究 [J]. 中文科技期刊数据库 (引文版) 工程技术 ,2022(第 7 期)：161-164.

[27] 张建云 . 勘察技术在岩土工程施工中的应用研究 [J]. 门窗 ,2021(第 18 期)：191-192.

[28] 李冰 . 基于岩土勘察的岩土工程施工技术研究 [J]. 中文科技期刊数据库 (全文版) 工程技术 ,2021(第 1 期)：408-409.

[29] 王洪杰 . 勘察技术在岩土工程施工中的应用研究 [J]. 建筑与装饰 ,2021(第 17 期)：170，174.

[30] 王浩 . 勘察技术在岩土工程施工中的应用研究 [J]. 门窗 ,2021(第 8 期).

[31] 文成龙 , 王迎兵 . 地质工程施工中的岩土勘察及地基处理技术研究 [J]. 中国金属通报 ,2021(第 1 期)：171-172.

[32] 马阔 . 勘察技术在岩土工程施工中的应用研究 [J]. 消费导刊 ,2020(第 44 期)：15.

[33] 戴巍 . 特殊地质条件下岩土工程勘察与地基施工处理技术研究 [J]. 价值工程 ,2023(第 10 期)：72-74.

[34] 陶治平 . 关于勘察技术在岩土工程施工中的应用研究 [J]. 中文科技期刊数据

库 (全文版) 工程技术 ,2021(第 9 期) : 91， 93.

[35] 章贤顺 . 岩土工程勘察与地基处理施工技术研究 [J]. 装饰装修天地 ,2020(第 24 期) : 170.

[36] 熊一俊 . 岩土工程勘察与地基施工处理技术研究 [J]. 装饰装修天地 ,2020(第 22 期) : 220.

[37] 龚磊 . 关于建筑工程中岩土勘察及施工技术研究 [J]. 大科技 ,2019(第 48 期) : 154-155.

[38] 纪春芳 . 勘察技术在岩土工程施工中的应用研究 [J]. 湖北农机化 ,2019(第 24 期) : 93.

[39] 王乐 . 岩土工程勘察与地基施工处理技术研究 [J]. 门窗 ,2019(第 22 期) : 104， 106.